大数据技术丛书

分布式数据库HBase
案例教程

陈建平 陈岸青 李金湖 主编

清华大学出版社
北京

内 容 简 介

本书定位是 HBase 从入门到应用的简明教程，特色是以实战案例为主，内容系统全面，讲解深入浅出，操作步骤清晰明了。本书配套示例源码、PPT 课件、开发环境、教学视频、习题及答案以及其他丰富的教学资源。

本书共分为 8 章，内容包括 NoSQL 数据库、HBase 体系架构、HBase 的接口、MapReduce 与 HBase、HBase 表设计、HBase 和 Hive、HBase 深入剖析、论坛日志分析实战。

本书既适合 HBase 初学者、大数据分析与挖掘初学者阅读，也适合作为高等院校和培训机构人工智能、大数据等相关专业师生的教学参考书。

本书封面贴有清华大学出版社防伪标签，无标签者不得销售。
版权所有，侵权必究。举报：010-62782989，beiqinquan@tup.tsinghua.edu.cn。

图书在版编目（CIP）数据

分布式数据库 HBase 案例教程/陈建平，陈岸青，李金湖主编．—北京：清华大学出版社，2022.3
（2022.8重印）
（大数据技术丛书）
ISBN 978-7-302-60214-9

Ⅰ．①分… Ⅱ．①陈… ②陈… ③李… Ⅲ．①分布式数据库－数据库系统－教材
Ⅳ．①TP311.133.1

中国版本图书馆 CIP 数据核字（2022）第 033303 号

责任编辑：夏毓彦
封面设计：王　翔
责任校对：闫秀华
责任印制：丛怀宇

出版发行：清华大学出版社
网　　址：http://www.tup.com.cn，http://www.wqbook.com
地　　址：北京清华大学学研大厦 A 座　　邮　编：100084
社 总 机：010-83470000　　邮　购：010-62786544
投稿与读者服务：010-62776969，c-service@tup.tsinghua.edu.cn
质量反馈：010-62772015，zhiliang@tup.tsinghua.edu.cn

印 刷 者：北京富博印刷有限公司
装 订 者：北京市密云县京文制本装订厂
经　　销：全国新华书店
开　　本：190mm×260mm　　印　张：9.75　　字　数：263 千字
版　　次：2022 年 4 月第 1 版　　印　次：2022 年 8 月第 2 次印刷
定　　价：49.00 元

产品编号：086649-01

前　　言

大数据（Big Data）一词越来越多地被提及，人们用它来描述和定义信息爆炸时代产生的海量数据，并命名与之相关的技术发展与创新。现在的各个行业都依赖于大量数据的支撑，数据量也越来越庞大，关系型数据库海量数据读写性能差、灵活度欠缺等缺点也暴露出来。因此，大量NewSQL数据库在这个背景下诞生并被广泛应用，其中HBase就是这样的一个分布式、可扩展的数据存储系统。HBase于2006年年底由PowerSet的Chad Walters和Jim Kellerman发起，2008年成为Apache Hadoop的一个子项目，现在已作为成熟产品应用在淘宝、百度、天猫、菜鸟、阿里云、高德、优酷等多家知名互联网企业，满足业务对于大数据分布式存储的基本需求。它不同于关系型数据库着重于增、删、改，而转向着重于查询，使数据读取更加高效、安全。基于Hadoop生态，HBase使用HDFS分布式存储系统作为共享文件存储系统。

HBase技术来源于Fay Chang所撰写的论文*Google BigTable*，是BigTable的开源实现。HBase在Hadoop上提供了BigTable的功能，现已成为Apache开源项目的一个顶级项目。

在Hadoop生态圈中，HBase位于结构化存储层，HDFS为HBase提供了高可靠性的底层存储支持，Hadoop MapReduce为HBase提供了高性能的计算能力，ZooKeeper为HBase提供了稳定的failover（故障转移）机制。此外，Pig和Hive还为HBase提供了高层语言支持，使得在HBase上进行数据统计处理变得非常简单，Sqoop则为HBase提供了方便的关系型数据库数据导入功能。HBase在Hadoop生态圈中的地位可见一斑。

HBase和Hadoop一样，目标是通过横向扩展，添加普通机器来提高存储性能和计算性能。HBase特点：大（一个表可以有上亿行以及百万级的列）、面向行存储、稀疏（由于null不占用存储空间，所以表结构可以设计得非常稀疏）。因此，HBase和 Hadoop一样，目标是通过横向扩展，添加普通机器来提高存储性能和计算性能。

关于本书

本书定位是HBase从入门到应用的简明系统教材，特色是理论和实践相结合，更多的是以实战为主，内容全面、深入浅出地讲解每个知识点，尽力做到通俗易懂。对每个案例进行分步骤式讲述，每个步骤都有文字说明和效果截图，使读者能够清晰地知晓自己在动手实操过程的效果和错误之处，对问题一目了然。例如，在5.5节的话单表分析案例中，通过"预分区建立话单表"→"添加话单表项目数据"→"Java编写代码和Shell命令行进行查询操作"这种方式，详细展开教与学，充分发挥学生学习的自主性。

本课程采用了"案例贯穿式""问题导向教学法"等教学方法，每个学习情境中的教学案例都基于一个真实的工作项目或实例。例如，最后一章就展开了从基础数据到可视化数据的真实案例教学。

本书分为8章，全书由陈建平进行统稿工作。第1章由陈建平撰写，着重介绍非关系型数据库的原理以及优缺点；第2章由陈岸青撰写，着重介绍HBase的基本架构和各个组件，其中包括HMaster、

HBase Client、ZooKeeper、HRegionServer；第3章由李金湖编写，着重介绍HBase的接口以及使用Java操作HBase；第4章由邓维编写，着重介绍MapReduce与HBase之间的联系和使用；第5章由余仰淇编写，着重介绍HBase的表设计；第6章由许梓明编写，着重介绍Hive和HBase的整合和使用；第7章由王斌编写，着重介绍HBase的表属性版本和BlockCache配置；第8章由马汉斌编写，整合了HBase与Hadoop生态，介绍了一个完整的大数据实践案例。全书提供与章节内容配套的案例，重点章节配有习题。

本书适合的读者

本书适合HBase初学者、对大数据感兴趣的技术人员，以及想要从事大数据开发工作的人员。

本书也适合作为大数据技术中HBase案例的基础用书，适合作为中职、高职、应用型本科大数据技术的前导课程，在整个人才培养方案里面属于大数据的专业基础课程，建议授课时间为第2学期或者第3学期。

阅读本书之前，读者应该具有如下基础：有一定计算机网络基础知识；了解 Linux基本原理；掌握基本的Linux操作命令；了解Java编程语言；了解传统的数据库理论知识。

资源下载与答疑服务

本书配套资源包括课程标准、课程大纲、教学日历、教学课件PPT、实训手册、课后习题和答案、期末考试卷和答案、案例环境、教学视频。这些资源非常方便各高校教师的授课。

本书配套资源，需要使用微信扫描右边二维码下载，可按页面提示，把链接转发到自己的邮箱中下载。如果下载有问题或者学习中发现问题，请联系booksaga@163.com，邮件主题为"分布式数据库HBase案例教程"。

大数据技术的发展非常快速，HBase的相关新用法也在不断发现，在今后的工作中，笔者以及本书的技术支持官网（德明教育官网）会持续跟踪HBase发展趋势，把HBase最新技术和本书相关补充资料及时发布到技术支持官网，方便读者通过网络及时获取到最新信息。由于笔者能力有限，书中难免存在不足之处，望广大读者能够提出宝贵意见。

大数据技术专家　陈岸青
2022年1月

目 录

第1章 NoSQL数据库 ·········· 1
- 1.1 分布式存储系统 ·········· 1
  - 1.1.1 分布式文件系统 ·········· 1
  - 1.1.2 GFS ·········· 2
  - 1.1.3 BigTable介绍 ·········· 3
- 1.2 NoSQL数据库 ·········· 5
  - 1.2.1 NoSQL概述 ·········· 5
  - 1.2.2 NoSQL相关的基本概念 ·········· 7
  - 1.2.3 NoSQL分类 ·········· 9
  - 1.2.4 为什么选择HBase ·········· 10
- 1.3 与其他数据库的区别 ·········· 11
  - 1.3.1 NoSQL数据库与SQL数据库的区别 ·········· 11
  - 1.3.2 NoSQL数据库与NewSQL的区别 ·········· 12
- 1.4 习题 ·········· 12

第2章 HBase体系架构 ·········· 14
- 2.1 HBase的基本概念 ·········· 14
  - 2.1.1 HBase的基础概述 ·········· 14
  - 2.1.2 技术架构 ·········· 14
  - 2.1.3 系统架构 ·········· 15
  - 2.1.4 HBase读取过程 ·········· 15
  - 2.1.5 HBase与关系型数据库的区别 ·········· 15
  - 2.1.6 HBase与NewSQL的区别 ·········· 16
  - 2.1.7 HBase的应用场景 ·········· 16
- 2.2 HBase的各个组件 ·········· 17
  - 2.2.1 HMaster ·········· 17
  - 2.2.2 HBase Client ·········· 17
  - 2.2.3 ZooKeeper ·········· 17
  - 2.2.4 HRegionServer ·········· 17
  - 2.2.5 存储单元Cell与数据写入流程 ·········· 19
- 2.3 案例01：HBase安装部署与存储 ·········· 20
  - 2.3.1 案例背景 ·········· 20
  - 2.3.2 案例预备知识点 ·········· 20
  - 2.3.3 案例环境要求 ·········· 20
  - 2.3.4 任务一：安装和配置HBase ·········· 20
  - 2.3.5 任务二：使用HBase操作用户数据 ·········· 25
  - 2.3.6 任务三：使用HBase进行数据检索与数据存储 ·········· 31
- 2.4 习题 ·········· 35

第3章 HBase的接口 ·········· 36
- 3.1 HBase接口的介绍 ·········· 36
  - 3.1.1 支持HBase API操作的相关组件 ·········· 36
  - 3.1.2 表Table和区域Region ·········· 37
  - 3.1.3 Client ·········· 37
  - 3.1.4 ZooKeeper ·········· 38
  - 3.1.5 HMaster ·········· 38
- 3.2 HBase的API概述 ·········· 39
- 3.3 HBase的常用Java API ·········· 40
- 3.4 案例02：HBase中Java API的使用 ·········· 46
  - 3.4.1 案例背景 ·········· 46
  - 3.4.2 案例预备知识点 ·········· 46
  - 3.4.3 案例环境要求 ·········· 46
  - 3.4.4 任务一：配置项目运行环境 ·········· 46
  - 3.4.5 任务二：数据添加 ·········· 50
  - 3.4.6 任务三：数据获取 ·········· 51
  - 3.4.7 任务四：数据删除 ·········· 54
  - 3.4.8 任务五：查询数据 ·········· 56
- 3.5 习题 ·········· 58

第4章 MapReduce与HBase ·········· 59
- 4.1 MapReduce介绍 ·········· 59
  - 4.1.1 什么是MapReduce ·········· 59
  - 4.1.2 MapReduce的原理 ·········· 60
  - 4.1.3 MapReduce的特点 ·········· 63
  - 4.1.4 MapReduce应用场景 ·········· 63
- 4.2 MapReduce和HBase的关系 ·········· 63
  - 4.2.1 MapReduce在HBase中的作用 ·········· 63
  - 4.2.2 HBase和MapReduce的联系和区别 ·········· 63
- 4.3 案例03：MapReduce与HBase实操 ·········· 64
  - 4.3.1 案例目标 ·········· 64
  - 4.3.2 案例预备知识点 ·········· 64
  - 4.3.3 案例环境要求 ·········· 64
  - 4.3.4 任务一：HBase架构深入剖析 ·········· 64
  - 4.3.5 任务二：HBase集成MapReduce ·········· 67
  - 4.3.6 任务三：编写MapReduce集成HBase对表数据的操作 ·········· 71
- 4.4 习题 ·········· 75

第5章 HBase表设计 ······ 76
5.1 HBase表的设计 ······ 76
5.1.1 HBase表概述 ······ 76
5.1.2 HBase表详细设计 ······ 78
5.2 案例04：HBase创建表 ······ 79
5.2.1 案例目标 ······ 79
5.2.2 案例预备知识点 ······ 79
5.2.3 案例环境要求 ······ 80
5.2.4 案例实施步骤 ······ 80
5.3 案例05：HBase存储方式 ······ 82
5.3.1 案例目标 ······ 82
5.3.2 案例预备知识点 ······ 82
5.3.3 案例环境要求 ······ 82
5.3.4 案例实施步骤 ······ 82
5.4 案例06：HBase对表进行数据迁移 ······ 83
5.4.1 案例目标 ······ 83
5.4.2 案例预备知识点 ······ 83
5.4.3 案例环境要求 ······ 83
5.4.4 案例实施步骤 ······ 84
5.5 案例07：话单表分析 ······ 85
5.5.1 案例目标 ······ 85
5.5.2 案例预备知识点 ······ 86
5.5.3 案例环境要求 ······ 86
5.5.4 案例实施步骤 ······ 86
5.6 习题 ······ 92

第6章 HBase和Hive ······ 94
6.1 企业级数据仓库Hive的介绍和HBase整合 ······ 94
6.1.1 Hive的历史 ······ 94
6.1.2 Hive简介 ······ 95
6.1.3 Hive技术架构 ······ 95
6.1.4 Hive编程 ······ 100
6.1.5 Hive的应用场景 ······ 102
6.1.6 Hive和HBase整合 ······ 103
6.2 案例08：HBase与Hive集成使用 ······ 105
6.2.1 案例目标 ······ 105
6.2.2 案例预备知识点 ······ 105
6.2.3 案例环境要求 ······ 106
6.2.4 任务一：HBase集成Hive的环境配置 ······ 106
6.2.5 任务二：集成环境中使用Hive创建和查询表 ······ 107
6.2.6 任务三：测试外部表集成HBase ······ 108
6.3 习题 ······ 109

第7章 HBase深入剖析 ······ 111
7.1 HBase性能优化和测试 ······ 111
7.1.1 HBase性能优化 ······ 111
7.1.2 客户端性能优化 ······ 113
7.1.3 HBase性能测试 ······ 114
7.2 案例09：对HBase表的深入剖析 ······ 116
7.2.1 案例目标 ······ 116
7.2.2 案例预备知识点 ······ 116
7.2.3 案例环境要求 ······ 116
7.2.4 任务一：HBase表属性和BlockCache配置 ······ 116
7.2.5 任务二：深入剖析HBase表的Compaction ······ 119
7.3 案例10：HBase集群及表的管理 ······ 119
7.3.1 案例目标 ······ 119
7.3.2 案例预备知识点 ······ 119
7.3.3 案例环境要求 ······ 120
7.3.4 任务一：HBase Master的Web UI管理 ······ 120
7.3.5 任务二：HBase的Shell管理 ······ 125
7.3.6 任务三：HBase的其他管理操作 ······ 126
7.4 习题 ······ 128

第8章 HBase项目实战——论坛日志分析 ······ 129
8.1 项目背景 ······ 129
8.2 项目设计目的 ······ 129
8.3 项目技术架构和组成 ······ 130
8.4 项目任务分解 ······ 130
8.4.1 任务一：在Linux中上传数据到HDFS ······ 130
8.4.2 任务二：使用MapReduce进行数据清洗 ······ 132
8.4.3 任务三：在Linux上执行MR数据清洗 ······ 135
8.4.4 任务四：使用Hive访问存放在HDFS的数据 ······ 137
8.4.5 任务五：使用Kettle将数据存储到HBase ······ 139
8.4.6 任务六：使用Sqoop导入Hive数据到MySQL ······ 142
8.4.7 任务七：使用ECharts实现可视化 ······ 143
8.5 项目总结 ······ 149

第 1 章

NoSQL 数据库

本章学习目标：

* 了解分布式存储原理
* 了解 NoSQL 数据库原理
* 了解 HBase 的优势

本章将介绍NoSQL的基础知识、发展趋势，以及NoSQL与其他数据库的区别和联系。

1.1 分布式存储系统

在互联网应用中，数据占据着举足轻重的地位。Nicholas Wirth在几十年前就说过：程序=算法+数据结构，如今算法已经和当年有着截然不同的概念，但不变的仍然是数据层的重要性。然而现在由于数据量激增，存储则成为了问题，数据如果在一个地方存储，那么存储的量也就成了问题；如果在多个地方存储，管理又无法兼顾。在这样的背景下，分布式存储系统应运而生。

分布式存储系统就相当于将数据分散在多台独立的设备上，将数据切块、容错、负载均衡等功能透明化。

1.1.1 分布式文件系统

分布式文件系统，是将数据分散存放在多台独立的设备上，它采用可扩展的系统结构，用多台存储服务器来分担存储的负荷，利用元数据定位数据在服务器中的存储位置。其特点是具有较高的系统可靠性、可用性、可扩展性和存储效率。分布式文件系统的结构如图1-1所示。

分布式文件系统包括四种关键技术，分别为：①元数据管理技术；②系统弹性扩展技术；③存储层级内的优化技术；④针对应用和负载的存储优化技术。

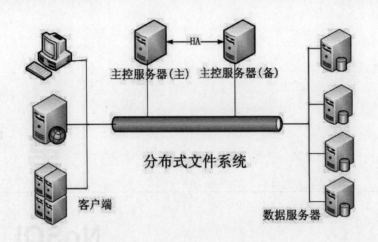

图 1-1　分布式文件系统的结构

1.1.2　GFS

谈到分布式文件系统，就不得不提到Google的GFS（Google File System）。GFS是一个可扩展的分布式文件系统，用于大型的、分布式的、对大量数据进行访问的应用。它运行于廉价的普通硬件上，并提供容错功能。它可以给大量的用户提供总体性能较高的服务。

在有GFS之前，Google是当时唯一需要处理如此海量数据的大公司，对于Google而言，当时已有的方案已经难以满足如此大的数据量存储，为此Google便开发了分布式文件系统GFS。HDFS是GFS的一个开源实现，它是Hadoop的核心组件之一，也是HBase的基础。

1. GFS 设计目标

Google设计GFS主要是为了解决以下几方面问题：

（1）需要存储的数据种类繁多：Google目前向公众开放的服务很多，需要处理的数据类型也非常多。包括URL、网页内容、用户的个性化设置在内的数据，都是Google需要经常处理的对象。

（2）海量的服务请求：Google运行着目前世界上最繁忙的系统，它每时每刻处理的客户服务请求数量是普通的系统根本无法承受的。

（3）商用数据库的局限性：一方面现有商用数据库设计着眼点在于通用性，根本无法满足Google苛刻的服务要求；另一方面对于底层系统的完全掌控，会给后期的系统维护、升级带来极大的便利。

2. GFS 的设计思路

GFS 在设计思路上的特色包括以下几点：

（1）一个GFS集群包含一个单独的Master节点（即只存在一个逻辑上的Master组件，实际包含两台物理主机）、多台Chunk（大块）服务器以及多个客户端。

（2）系统通过廉价的组件组成，可存储大文件（通常在100MB以上）。

（3）采用"生产者"与"消费者"队列，或者其他多路文件合并操作。

（4）高性能的稳定网络带宽远比低延时重要。

（5）系统支持两种读操作：大规模的流式读取和小规模的随机读取。

3. GFS 架构

GFS将容错的任务交给文件系统完成，利用软件的方法解决系统可靠性问题，使存储的成本成倍下降。

GFS将服务器故障视为正常现象，并采用多种方法，从多个角度，使用不同的容错措施，以确保数据存储的安全，保证提供不间断的数据存储服务。

GFS的架构流程图如图1-2所示。

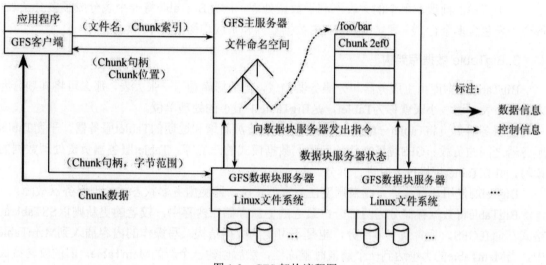

图 1-2　GFS 架构流程图

（1）GFS客户端：应用程序的访问接口。

（2）主服务器：管理节点，在逻辑上只有一个，保存系统的元数据，负责整个文件系统的管理。

（3）数据块服务器：负责具体的存储工作，数据以文件的形式存储在Chunk Server上。

1.1.3　BigTable 介绍

Fay Chang撰写的Google论文"BigTable一个结构化数据的分布式存储系统"中，提出了利用Google的文件系统（GFS）提供分布式数据存储，而HBase正是BigTable的实现，其在Hadoop的HDFS之上提供了类似于BigTable的实现。所以了解BigTable就明白了HBase的存储模式。

BigTable是一个分布式存储系统，起初用于解决典型的互联网搜索问题，利用谷歌提出的MapReduce分布式并行计算模型来处理海量数据，使用GFS作为底层数据存储，采用Chubby提供协同服务管理，可以扩展到PB级别的数据和上千台机器，具备广泛应用性、可扩展性、高性能和高可用性等特点。下面介绍与BigTable相关的基础知识。

1. 互联网索引

（1）存储：爬虫持续不断地抓取新页面，这些页面每页一行地存储到BigTable里。

（2）索引：MapReduce计算作业运行在整张表上，生成索引，为网络搜索应用做准备。

（3）搜索：响应用户发起网络搜索请求。网络搜索应用查询建立好的索引，从BigTable得到网页，获得搜索结果后提交给用户。

2. 数据模型

BigTable是一个分布式多维映射表，表中的数据通过一个行关键字（RowKey）、一个列关键字（ColumnKey）以及一个时间戳（TimeStamp）进行索引。

BigTable对存储在其中的数据不做任何解析，一律看作字符串。其存储逻辑可以表示为：
(row:string, column:string, time:int)→string。

由于规模的问题，单个的大表不利于数据处理，因此BigTable将一个表分成了多个子表，每个子表包含多个行。子表是BigTable中数据划分和负载均衡的基本单位。

3. BigTable 数据库架构

BigTable数据库由主服务器和分服务器构成，把数据库看作一张大表，那么可将其划分为许多的小表，这些小表就称为Tablet，是BigTable中最小的处理单位。

主服务器负责将Tablet分配到Tablet服务器、检测新增和过期的Tablet服务器、平衡Tablet服务器之间的负载、GFS垃圾文件的回收、数据模式的改变等。Tablet服务器负责处理数据的读写，并在Tablet规模过大时进行拆分。

BigTable使用集群管理系统来调度任务管理资源、监测服务器状态并处理服务器故障。

BigTable将数据存储分为两部分：最近的更新存储在内存中，较老的更新则以SSTable的格式存储在GFS，后者是主体部分，也是不可变的数据结构。写操作的内容插入到MemTable中，当MemTable的大小达到一个阈值时就冻结，然后创建一个新的MemTable，旧的就转换成一个SSTable写入GFS。

BigTable由客户端程序库（Client Library）、一个主服务器（Master Server）和多个子表服务器（Tablet Server）组成，架构流程图如图1-3所示。

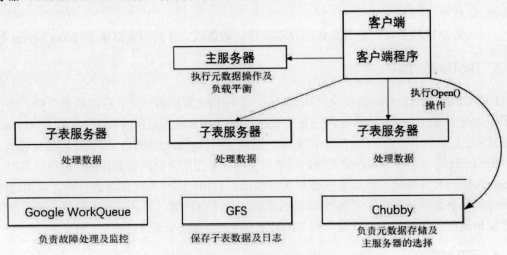

图 1-3　BigTable 数据库架构流程

客户访问BigTable服务时，首先要利用其库函数执行打开操作来打开一个锁，锁打开以后，客户端就可以和子表服务器进行通信；和许多具有单个主节点分布式系统一样，客户端主要与子表服务器通信，几乎不和主服务器进行通信，这使得主服务器的负载大大降低；主服务主要进行一些元数据操作以及子表服务器之间负载调度，而实际数据存储在子表服务器上。

1.2 NoSQL 数据库

数据库（DataBase）就是存放数据的仓库。如今，计算机体系结构在存储方面要求具备庞大的水平扩展性。比如，非关系型数据库有Membase、MongoDB、HBase等，其中HBase就是一种分布式、可扩展、支持海量数据存储的NoSQL数据库。

1.2.1 NoSQL 概述

当前数据库主要分为关系型数据库和非关系型数据库两类。关系模型指的就是二维表格模型，而一个关系型数据库就是由二维表及表之间的联系所组成的一个数据组织，其事务必须具备ACID特性。而非关系型数据库的基本需求就是支持分布式存储，也就是具备CAP理论。

NoSQL数据库是非关系型数据存储的广义定义，它不同于符合ACID理论的关系型数据库，数据存储不需要固定的表结构，通常也不存在连接操作。NoSQL数据库不使用传统的关系数据库模型，而是使用键值存储数据库、列存储数据库、文档型数据库、图形数据库等方式来存储数据。

1. NoSQL 共同特征

NoSQL 的共同特征有以下几点：

（1）无需预定义模式：不需要事先定义数据模式及表结构。数据中的每条记录都可能有不同的属性和格式。当插入数据时，并不需要预先定义它们的模式。

（2）无共享架构：架构中的每一个节点都是独立、自给的，而且整个系统中没有单点竞争。存储数据时，将数据划分后存储在各个本地服务器上，从本地磁盘读取数据，其性能往往好于通过网络传输读取数据的性能，从而提高了系统的性能。

（3）弹性可扩展：可以在系统运行的时候，动态增加或者删除节点。不需要停机维护，数据可以自动迁移。

（4）分区：相对于将数据存放于同一个节点，NoSQL数据库需要将数据进行分区，将记录分散在多个节点上，并且通常在分区的同时还要做复制。这样既提高了并行性能，又能保证没有单点失效的问题。

（5）异步复制：和RAID存储系统不同的是，NoSQL中的复制，往往是基于日志的异步复制。这样，数据就可以尽可能快地写入一个节点，而不会由于网络传输引起延迟。缺点是并不总是能保证一致性，这样的方式在出现故障的时候，可能会丢失少量的数据。

（6）BASE基础：相对于事务严格的ACID特性，NoSQL数据库保证的是BASE特性。

2. NoSQL 的数据特性

前文提到，NoSQL数据库保证的数据特性是BASE特性，而不是ACID特性。要解释NoSQL数据库的 BASE 思想，首先要对 ACID 有一个了解，因为 BASE 是相对于 DBMS 中的 ACID

所提出来的新思想。ACID 指的是传统数据库对于数据特性的要求，含义如下：

- 原子性（atomicity）：即事务执行作为原子，不可再分离，整个语句要么执行，要么不执行，不可能停在中间某个环节。
- 一致性（consistency）：在事务开始之前和事务结束之后，数据库的完整性约束没有被破坏。
- 隔离性（isolation）：两个事务的执行互不干扰，也不会发生交互，一个事务不可能看到其他事务运行时某一时刻的数据。
- 持久性（durability）：在事务完成以后，该事务对数据库所做的更改便持久地保存在数据库之中，并不会被回滚。

BASE 是对 CAP 中一致性和可用性权衡的结果，其来源于对大规模互联网分布式系统实践的总结，是基于 CAP 定律逐步演化而来的。

CAP解释为一致性、可用性（availability）和分区容忍性（partition tolerance），具体含义如下：

- 一致性：一个数据系统如何处理读写操作的一致性问题。分布式系统对于一致性的要求为当更新写入操作完成时，其余读取操作需要及时看到数据的更新。
- 可用性：一个系统能够持续不间断使用的问题。严格定义上的高性能可用性，意味着一个系统从设计到实施都能够提供可持续的操作。
- 分区容忍性：一个系统在提供持续性操作时分区处理的能力。一旦开始将数据和逻辑分布在不同的节点上，就有形成分区的风险。假定网线被切断，就形成分区，在不同分区的节点 A 和节点 B 无法通信。由于 Web 提供的这种分布式能力，临时的分区是一个常见的情况，处理这种情况就属于分区容忍性。

传统 ACID 模式对于数据的属性要求非常高，在分布式系统中比较难以达到。所以在 CAP 理论的基础上，提出了 BASE 思想，对一致性进行概化处理。其核心思想是即使无法做到强一致性，但每个应用都可以根据自身业务特点，采用适当的方式来使系统达到最终一致性。

BASE基础的具体含义如下：

- 基本可用（Basically Available）：NoSQL 允许分布式系统在某些部分出现故障的情况下，系统的其余部分依然可用。它不会像 ACID 那样，在系统出现故障时，进行强制拒绝，允许继续部分访问。
- 软状态（Soft State）：NoSQL 在数据处理过程中，允许这个过程，存在数据状态暂时不一致的情况。但经过纠错处理，数据最终会一致。
- 最终一致性（Eventually Consistent）：NoSQL 的软状态允许数据处理过程的暂时不一致，但是最终处理结果将是一致的，说明 NoSQL 对数据处理过程可以有短暂的时间间隔，也允许分更细的一个一个的处理，最后数据达到一致即可。这在互联网上进行分布式应用时具有明显的优势。

BASE 和 ACID 的优缺点对比如下：

- BASE：弱一致，仅需要针对性数据；可用性第一位，一般注重，较为激进，注重可用性，更简单、更快、更具有扩展性。

- ACID：高度一致，高度分割化，着重于"提交"，网状事务，弱可用性，较保守，扩展性不强。

1.2.2 NoSQL 相关的基本概念

NoSQL得到广泛的普及主要有3个驱动力。

首先是需求。在过去的几年间，互联网与移动的流量呈现出了爆发性的增长，现在很多大公司所处理的数据规模是几年前几乎不曾想到的。传统的关系型数据库在设计时从未考虑过能够比较容易地实现跨节点可伸缩这一特性，因此NoSQL在那些需要能够实现快速、轻松且低成本、可伸缩的公司中开始流行起来。

其次是可用性。在过去几年间，开源软件开始成熟起来，现在已经出现了很多成熟的开源NoSQL存储，这样公司就可以轻松找到满足其需求的数据存储方案。

最后是新兴性。现在一定存在使用NoSQL构建，但关系型数据库却更加适合的应用。然而，随着NoSQL逐渐从新生事物变成主流，技术人员在选择适合其应用场景的解决方案时，会变得更理性一些。

下面介绍一些与NoSQL相关的基本概念。

1. 分布式数据库

分布式数据库的基本思想，是将原来集中式数据库中的数据分散地存放至多个通过网络连接的数据存储节点之上，从而获得更大的存储空间和更高的并发量。

分布式数据库系统可以通过多个异构、位置分布、跨网络的计算机节点组成。每台计算机节点中，都可以包含有数据库管理系统的一份完整或部分拷贝副本，并且具有自己局部的数据库。多台计算机节点利用高速计算机网络，将物理上分散的多个数据存储单元相互连接起来，共同构建一个完整的、全局的、逻辑上集中的和物理上分布的大型数据库系统。

适用于大数据存储的分布式数据库具有以下三大特征，简称"三高"，具体含义如下：

（1）高可扩展性：指分布式数据库具有高可扩展性，能够动态地增添存储节点，以实现存储容量的线性扩展。

（2）高并发性：指分布式数据库能及时响应大规模用户的读与写请求，能够对海量数据进行随机的读与写操作。

（3）高可用性：指分布式数据库提供容错机制，能够实现数据库数据冗余备份，保证数据和服务的高度可靠性。

2. 数据库与数据仓库

数据库（比如：Oracle、MySQL、PostgreSQL）主要用于事务处理，数据仓库（Datawarehouse，比如HBase、Amazon Redshift、Hive）主要用于数据分析。

数据库和数据仓库在概念上有很多相似之处，但在本质上有联系也有差别：

- 数据仓库：是一个面向主题的（Subject Oriented）、集成的（Integrated）、相对稳定的（Non-Volatile）、反映历史变化的（Time Variant）数据集合，用于支持管理决策。
- 数据库：是按照一定数据结构来组织、存储和管理数据的数据集合。

数据仓库所在层面比数据库更高，换句话说，就是一个数据仓库可以通过不同类型的数据库实现。图1-4从结构设计、存储内容、冗余程度和使用目的四个方面展示了数据库与数据仓库的差异。

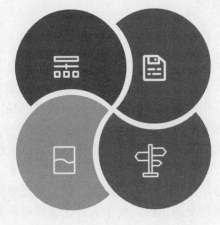

结构设计
数据库主要面向事务设计，数据仓库主要面向主题设计。所谓面向主题设计，是指数据仓库中的数据按照一定的主题域进行组织。

存储内容
数据库一般存储的是在线数据，对数据的变更历史往往不存储，而数据仓库一般存储的是历史数据，以支持分析决策。

冗余程度
数据库设计尽量避免冗余以维持高效快速的存取，数据仓库往往有意引入冗余。

使用目的
数据库的引入是为了捕获和存取数据，数据仓库是为了分析数据。

图 1-4　数据库与数据仓库的差异

3. 云计算与虚拟化

在一个大的服务器中，往往有着十几个核心，几千个 TB 的内存，而如果只将数据和计算都直接分配给主机，那么将造成资源的浪费。虚拟化则能够解决此问题，实际的使用也证实了虚拟化对资源利用率有较大的提升。

- 云计算（Cloud Computing）：是基于互联网的相关服务的增加、使用和交付模式，通常涉及通过互联网来提供动态、易扩展且虚拟化的资源，其中云只是网络、互联网的一种比喻说法。目前广为接受的是美国国家标准与技术研究院（NIST）给出的定义："云计算是一种按使用量付费的模式，这种模式提供可用的、便捷的、按需的网络访问，进入可配置的计算资源（网络、服务器、存储、应用软件、服务等）共享池，这些资源能够被快速地提供，只需要投入非常少的管理工作，或者与服务供应商进行很少的交互"。
- KVM（Kernel-based Virtual Machine）虚拟机：是开源 Linux 原生的全虚拟化解决方案，它基于 X 硬件的虚拟化扩展（Intel VT 或者 AMD-V 技术）。KVM 是基于 CPU 辅助的全虚拟化方案，需要 CPU 虚拟特性的支持。一个 KVM 虚拟机，即一个 Linux QEMU-KVM 进程，与其他 Linux 进程一样被 Linux 进程调度器调度；KVM 虚拟机包括虚拟内存、虚拟 CPU 和虚拟 I/O 设备，其中内存和 CPU 的虚拟化由 KVM 内核模块负责实现，I/O 设备的虚拟化由 QEMU 负责实现；KVM 客户机系统的内存是 QEMU-KVM 进程的地址空间的一部分；KVM 虚拟机的 vCPU 作为线程运行在 QEMU-KVM 进程的上下文中。
- 云计算和虚拟化的关系：云计算仅仅是一个概念，而不是一种具体技术，但虚拟化却是一种具体技术。虚拟化是指把硬件资源虚拟化，实现隔离性、可扩展性、安全性、资源可充分利用等。两者看似不相关，背后却有着千丝万缕的关系。虚拟化一般是将物理的实体，通过软件模式，形成若干虚拟存在的系统，其真实运作还是在实体上，只是划分了若干区域或者时域；而云计算的基础是虚拟化，但虚拟化仅仅是云计算的一部分，云计算是在虚拟化出若干资源池以后的应用。

1.2.3 NoSQL 分类

NoSQL大致可以分为四类，分别为键值存储数据库、列存储数据库、文档型数据库和图形数据库。

1. 键值存储数据库

键值存储典型实现的数据结构一般为数组链表：先通过hash算法得出hashcode，找到数组的某一个位置，然后插入链表的第一个位置。

（1）适用场景

存储会话信息，通常来说，每次网络会话都是唯一的，分配给它们的session id值也各不相同。如果将session id迁移到键值数据库中，所有会话内容都可以用一条get请求获得，使请求更加迅速。

用户配置信息，其配置信息相对独立，例如语言、时区、主题、访问历史等。这些内容也都可以全部存放在一个对象里，以便只用一次get请求即获得用户的全部配置信息。同理，产品信息等对象也可以如此存放。

购物车数据，类似于购物车内容的这种数据，需要不同时间、不同会话中保持一致，所以将购物车信息与用户id绑定在一个键值对上，能够较为高效地获取数据。

（2）不适用场景

数据间关系。如果要在不同数据集之间建立关系，或是将不同关键字集合联系起来，通过键值存储就变得较难确定key值，即使某些键值数据库提供了"链接遍历"等功能，它们也不是最佳选择了。

含有多项操作的事务。若在保存多个键值对时，有一个关键字出错就需要复原或回滚其他操作，那么键值数据库就不是最好的解决方案。

查询数据。如果需要根据键值对的某个分值来搜寻关键字，那么就无法直接检视值，使用键值数据库就不太理想。

操作关键字集合。由于键值数据库一次只能操作一个键，所以它无法同时操作多个关键字，在操作关键字集合这个方面，键值数据库就无法满足要求。

2. 列存储数据库

对应并区别于行数据库的概念。行数据库就是大家所熟知的传统关系型数据库，即数据按记录存储，每一条记录的所有属性都存储在一起，如果要查询一条记录的一个属性值，需要先读取整条记录的数据。而列数据库是按数据库记录的列来组织和存储数据的，数据库中每个表由一组页链的集合组成，每条页链对应表中的一个存储列，而该页链中每一页存储的是该列的一个或多个值。

（1）适用场景

日志。由于列族数据库可存放任意数据结构，可以将数据存储在不同的列中，每个应用程序可以将信息写入自己的列族中。

博客平台。存储每个信息到不同的列族中。举个例子，标签可以存储在标签列族中，类别可以存储在类别列族中，而文章则存储在文章列族中。评论信息既可以放在上述内容中的同一行，也可以放在另一个"键空间"，这些经常删改的项可以在删除后不影响其他的值。

（2）不适用场景

需要ACID的事务。Vassandra就不支持事务，如需要根据查询结果聚合的数据，则需要数据足够完整，如果分析Cassandra的数据结构，就会发现结构是基于期望的数据查询方式而定。在模型设计之初，根本不可能去预测它的查询方式，而一旦查询方式改变，就必须重新设计列族。

3. 文档型数据库

来自于Lotus Notes办公软件，而且它同第一种键值存储相类似。该类型的数据模型是版本化的文档、半结构化的文档以特定的格式存储，例如JSON。文档型数据库可以看作是键值数据库的升级版，允许之间嵌套键值。而文档型数据库比键值数据库的查询效率更高，如CouchDB、MongoDB。国内也有文档型数据库SequoiaDB，已经开源。

（1）适用场景

日志。在企业环境下，每个应用程序都有不同的日志信息。Document-Oriented数据库并没有固定的模式，所以可以使用它来存储不同的信息。

分析。鉴于它的弱模式结构，不改变模式的情况下就可以存储不同的度量方法及添加新的度量。

（2）不适用场景

在不同的文档上添加事务。文档型数据库并不支持文档间的事务，如果对这方面有需求，则不应该选用这个解决方案。

4. 图形数据库

数据存储的重要目的是为了检索。图的查找与搜索可以通过遍历算法完成，根据算法，从开始节点到与之相连的节点，查询诸如"我好友的好友是哪些人"等问题。所以通过遍历算法可以对图进行导航与操作，从而确定节点之间的路径。

（1）适用场景

关系型数据。在一些表示关系的数据，例如社交圈、公交路线、快递物流此类展现实体与实体之间关系的数据,图数据库可以提供跨领域遍历的功能,可以让这些关系变得更有价值。

推荐引擎。如果将数据以图的形式表现，那么将会非常有益于推荐的制定。

（2）不适用场景

无固定属性数据。若是某个共同属性需要修改，那么就需要将其子集内所有实体的属性全部更新,此时图数据库效果将大打折扣,在执行全局操作时更是如此。图数据库的适用范围很小，因为很少有操作涉及整个图。

1.2.4 为什么选择 HBase

当开始学习一门技术的时候，总是习惯于将它们与已有的技术进行对比。当刚接触Python的时候，会发现它的简洁与效率；当刚接触PHP的时候，也会探寻它的优势在哪里。

那么HBase经常也会用来和常见的关系型数据库进行对比。

关系型数据库不擅长的地方有：大量数据的写入处理，读写性能比较差，尤其是海量数据的高效率读写；固定的表结构，灵活度稍欠；高并发读写需求，硬盘I/O是一个很大的瓶颈；当为有数据更新的表做索引或对表结构进行变更时，性能差等。比如Oracle、MySQL等关系型数据库基本存在上面的一些缺陷。

HBase作为一个NoSQL，不支持完整的事务性，而且仅仅支持基于RowKey的索引，在性能上不如memcached和Redis。但是在海量数据、持久化存储方面比内存类型的NoSQL强得多，作为文档型NoSQL在分布式存储上比MongoDB做切分和MapReduce分析也简单方便得多。这一切都源于HBase本身基于Hadoop，可以简单地通过增加廉价节点的方式进行扩展，对于数据本身就可以很好地进行水平切分，同时和HDFS、MapReduce、Spark等结合得很好。不仅可以方便地进行存储，同时还可以更加方便地对数据进行处理和运算，这才是HBase最核心的特性。这些都是常见的关系型数据库所无法比拟的，比其他常见的NoSQL也要强出不少。

当然，HBase并不能解决所有的问题，所以才会有那么多的NoSQL和SQL出现。

HBase典型的应用场景就是不断地插入新的信息。对于持续、大量的插入，可以达到每秒百万的吞吐量，而对于已有的数据修改的频率很小。

1.3 与其他数据库的区别

围绕SQL有许多谬见和误解，例如SQL已过时，应该尽可能替换为NoSQL或NewSQL。目前，在三种基本替代方案中没有明确的领导者，每一种都有更适合的项目，而在其他情况下不太适合（或完全不适合）。数据库的选择更多的是基于每个数据库的特性而来，下面介绍NoSQL与其他数据库的区别。

1.3.1 NoSQL 数据库与 SQL 数据库的区别

1. 存储方式

SQL数据存储在特定结构的表中，NoSQL则更加灵活和可扩展，存储方式可以是JSON文档、哈希表或者其他方式。

在SQL中，必须定义好表和字段结构后才能添加数据，例如定义表的主键（primary key）、索引（index）、触发器（trigger）、存储过程（stored procedure）等。表结构可以在被定义之后更新，但是如果有比较大的结构变更的话，就会变得比较复杂。而在NoSQL中，数据可以在任何时候任何地方添加，不需要事先定义表。

2. 外部数据存储

SQL中如果需要增加外部关联数据的话，规范化做法是在原表中增加一个外键，关联外部数据表。NoSQL中除了这种规范化的外部数据表做法以外，还能使用如下的非规范化方式把外部数据直接放到原数据集中，以提高查询效率。缺点也比较明显，更新审核人数据的时候将会比较麻烦。

3. JOIN 查询

SQL中可以使用JOIN表链接方式,将多个关系数据表中的数据用一条简单的查询语句查询出来。NoSQL未提供对多个数据集中的数据做查询的功能。

4. 数据耦合性

SQL中不允许删除已经被使用的外部数据,例如审核人表中的"熊三"已经被分配给了借阅人熊大,那么在审核人表中将不允许删除熊三这条数据,以保证数据的完整性。

而NoSQL中则没有这种强耦合的概念,可以随时删除任何数据。

综上所述,NoSQL数据库与SQL数据库的区别如表1-1所示。

表 1-1 NoSQL 数据库与 SQL 数据库的区别

SQL 数据库	NoSQL 数据库
在使用之前需要定义表的一个模式	将相关联的数据存储在类似 JSON 格式,名称-值
在表中存储相关联的数据	可以保存没有指定格式的数据
支持 JOIN 多表查询	保证更新一个文档,但不是多个文档
提供事务	提供出色的性能和可伸缩性
使用一个强声明性语言查询	使用 JSON 数据对象查询

1.3.2 NoSQL 数据库与 NewSQL 的区别

VoltDB是一种NewSQL数据库,为Michael Stonebraker的一项作品。它是一种标准关系数据库,但是将所有关系发展累积超过四十年的、不必要的小组件剔除,使其比传统版本更精简、更有效,因此它比商业数据库执行效率更好,并且缩小了它的覆盖面,而所有的NewSQL数据库都是如此。另一种NewSQL数据库是Xeround,该产品是一个基于云服务的数据库,像所有其他NewSQL数据库一样,该NewSQL数据库主要侧重于事务处理,除了它固有的能力。另外,Xeround数据库的一个主要特点是,它看起来像MySQL,这使其很容易将现有的MySQL用户迁移到云端。

NoSQL不使用SQL是一个错误。不使用SQL不是因为它的性能不好,而是因为关系产品架构不适合某些类型的任务。但在没有这些类型的任务时,又很容易陷入认为SQL等同于关系技术(Relational Technology)的陷阱。关系架构的关键一点是将物理实例从逻辑实现中分离了出来,不过大多数包含关系存储和关系访问层的关系产品也是如此。

1.4 习 题

1. 判断题

(1)交易型系统对一致性和可用性要求较高,基本上选择关系型数据库系统进行数据的管理,由于它放弃了分区容错性,因此系统在扩展上存在限制。(   )

(2)Base的核心思想是无法做到强一致性的,但每个应用都可以根据自身的特点,采用适当方式达到最终一致性。(   )

（3）在一个分布式系统中可以同时满足一致性、可用性和分区容错性这三项要素。（　　）

（4）关系型数据库会遵循ACID原则，这四个特性分别是：原子性、一致性、分区容忍性和持久性。（　　）

（5）在实际应用当中，CAP的取舍是绝对的，不管是在整个系统还是各个子系统，对CAP的取舍是一致的。（　　）

（6）NoSQL是指no SQL，表示用非关系型数据库替代关系型数据库。（　　）

2. 选择题

（1）大数据时代，数据的存储与管理有（　　）要求？
A. 数据管理系统具有很高的扩展性，适应海量数据的迅速增长
B. 满足完整性的约束条件
C. 满足用户的高并发读写
D. 要适应多变的数据结构

（2）CAP 理论是 NoSQL 数据库的基础，三者不可兼得，（　　）属于 CAP 特性。
A. 容灾行　　　　　B. 分区容错性　　　　C. 一致性　　　　D. 可用性

（3）HBase 属于（　　）类型的 NoSQL 数据库？
A. 键值数据库　　　B. 文档数据库　　　　C. 列族数据库　　D. 图形数据库

（4）HBase 有（　　）特性？
A. 可扩展性　　　　B. 稀疏性　　　　　　C. 高可靠性　　　D. 容量巨大

（5）HBase 的技术借鉴了 Google 的（　　）技术？
A. MapReduce　　　B. BigTable　　　　　C. Chubby　　　　D. Google File System

（6）HBase 依靠（　　）存储底层数据。
A. HDFS　　　　　 B. MapReduce　　　　C. Memory　　　　D. GFS

（7）HBase 主要由多个组件构成，分别是（　　）。
A. Client　　　　　B. ZooKeeper　　　　C. HMaster　　　 D. RegionServer

（8）关系型数据库有（　　）优点。
A. SQL结构化查新语言操作方便　　　　B. 二维表结构容易理解
C. 数据结构灵活多变　　　　　　　　　D. 丰富的完整性约束使得关系型数据库易于维护

（9）BASE 原理包括（　　）。
A. 最终一致性　　　B. 基本可用性　　　　C. 软状态　　　　D. 分区容忍性

第 2 章

HBase 体系架构

本章学习目标：

* 了解 HBase 的基本概念
* 了解 HBase 技术架构及应用场景
* 学习 HBase 各个组件及安装部署
* 了解 HBase 与 NewSQL 的区别
* 了解 HBase 数据检索与存储

本章将首先介绍 HBase 的概念和技术构架、使用场景以及安装与部署，再介绍 HBase 与 NewSQL 的区别，最后演示了在 HBase 中数据的检索与存储。

2.1 HBase 的基本概念

2.1.1 HBase 的基础概述

HBase是参考Google的BigTable开发出来的一个开源产品，是建立在HDFS之上的一个提供高可靠性、高性能、列存储、可伸缩、实时读写的数据库系统。它是一种介于NoSQL和RDBMS之间的一种数据库系统，仅支持通过RowKey和range进行数据检索，主要存储非结构化数据和半结构化数据。作为NoSQL的一员，HBase的出现弥补了Hadoop只能离线批处理的不足，同时HBase和Hadoop一样，通过横向扩展，添加普通机器来增加存储性能和计算性能，增强其大数据的处理能力。

HBase特点：大（一个表可以有上亿行以及百万级的列）、面向行存储、稀疏（由于null不占用存储空间，所以表结构可以设计得非常稀疏）。

2.1.2 技术架构

HBase使用ZooKeeper进行集群节点管理，当然HBase自身集成了一个ZooKeeper系统，不过一般情况在实际生产环境中不使用。HBase由Master和RegionServer两类节点（如果使用HBase自带的ZooKeeper服务，那么还有HQuorumPeer进程）。HBase支持提供Backup Master进行Master备份。其中Master节点负责和ZooKeeper进行通信以及存储RegionServer的相关位置信息，RegionServer节点实现具体对数据的操作，最终数据存储在HDFS上。

2.1.3 系统架构

HBase的系统架构图如图2-1所示。

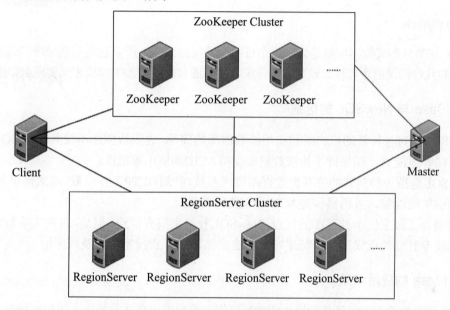

图 2-1　HBase 系统架构图

2.1.4 HBase 读取过程

客户端对数据的读和写首先连接ZooKeeper，在ZooKeeper中找到meta-region-server节点，meta表被RegionServer管理。

meta表只有一个Region，客户端通过表+RowKey在meta表中查找这个表的RowKey被哪个RegionServer管理，meta表保存了对应的主机端口，找到后执行相应的操作。

2.1.5 HBase 与关系型数据库的区别

1. 数据类型

HBase只有简单的字符类型，所有的类型都是交由用户自己处理，它只保存字符串。而关系型数据库有丰富的类型和存储方式。

2. 数据操作

HBase只有很简单的插入、查询、删除、清空等操作，表和表之间是分离的，没有复杂的表和表之间的关系，而传统数据库通常有各种各样的函数和连接操作。

3. 存储模式

HBase是基于列存储的，每个列族都由几个文件保存，不同的列族的文件是分离的。而传统的关系型数据库是基于表格结构和行模式保存的。

4. 数据维护

HBase的更新操作不应该叫更新，它实际上是插入了新的数据，而传统数据库是替换或修改。

5. 可伸缩性

HBase这类分布式数据库就是为了这个目的而开发出来的，所以它能够轻松增加或减少硬件的数量，并且对错误的兼容性比较高。而传统数据库通常需要增加中间层才能实现类似的功能。

2.1.6　HBase 与 NewSQL 的区别

NewSQL是对各种新的可扩展和高性能数据库的简称，这类数据库不仅具有NoSQL对海量数据的存储管理能力，还保持了传统数据库支持ACID和SQL等特性。

NewSQL是指一种新式的关系型数据库管理系统，针对OLTP工作负载，追求提供和NoSQL系统相同的扩展性能，且仍然保持ACID和SQL等特性。

因为结合了过去仅单独存在的优点，NewSQL看起来很有前途。但是，目前大多数NewSQL数据库都是专有软件或仅适用于特定场景，这显然限制了新技术的普及和应用。

2.1.7　HBase 的应用场景

HBase适合对数据进行随机读操作或者写操作、大数据上高并发操作，比如每秒对千万亿字节级数据进行上千次操作，以及读写访问操作均是非常简单的。HBase应用场景如图2-2所示，淘宝指数是HBase在淘宝的一个典型应用，交易历史纪录查询很适合用HBase作为底层数据库。

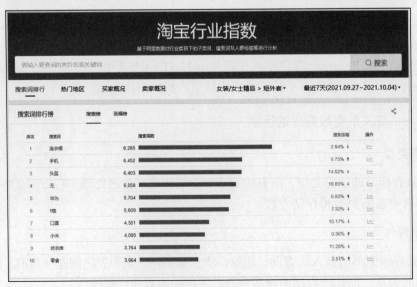

图 2-2　淘宝指数

2.2 HBase 的各个组件

2.2.1 HMaster

HMaster 是 HBase 集群中的主服务器，负责监控集群中所有 RegionServer，并且是所有元数据修改的接口。

在分布式集群中，HMaster 服务器通常运行在 HDFS 的 NameNode 上，HMaster 通过 ZooKeeper 来避免单点故障，在集群中可以启动多个 HMaster，但 ZooKeeper 的选举机制能够保证同时只有一个 HMaster 处于活跃（Active）状态，其他的 HMaster 处于热备份状态。

HMaster 没有单点问题，HBase 中可以启动多个 HMaster，通过 ZooKeeper 的 Master Election 机制保证总有一个 Master 在运行。

HMaster 主要负责的工作：①Table 和 Region 的管理工作，例如管理用户对表的增、删、改、查操作；②管理 HRegionServer 的负载均衡，调整 Region 分布；Region Split 后，负责新 Region 的分布；③在 HRegionServer 停机后，负责失效 HRegionServer 上 Region 的迁移。

当需要进行数据迁移时，比如 HRegionServer 故障停机时，新写入的数据还没有持久化存储到磁盘中，因此在进行迁移服务时，需要从修改的记录中恢复这部分还存在内存中的数据，HMaster 需要遍历该 RegionServer 的修改记录，并按 Region 拆分成小块移动到新的地址下。

另外，当 HMaster 节点发生故障时，由于客户端是直接和 HRegionServer 交互的，且 meta 表也是存在于 ZooKeeper 中，整个集群的工作依然可以稳定运行。但 HMaster 并不是不重要，它需要进行 Region Split、故障转移等操作，如果 HMaster 发生故障而没有及时处理，那么这些功能都会受到影响，因此 HMaster 还需要尽快恢复到工作中来。ZooKeeper 组件也提供了多 HMaster 机制，提高了 HBase 可用性和稳健性。

2.2.2 HBase Client

HBase Client 使用 HBase RPC 机制与 HMaster 和 HRegionServer 进行通信，是整个 HBase 集群的访问入口，其中 Client 与 HMaster 进行通信主要进行管理类操作，而 Client 与 HRegionServer 进行通信主要进行数据读写类操作。其中也包含了访问 HBase 的接口，并维护 cache 来加快对 HBase 的访问。

2.2.3 ZooKeeper

ZooKeeper 能够保证任何时间集群中只有一个 Master，并存储所有 Region 的寻址入口，同时起到对 RegionServer 的状态实时监控，并将 RegionServer 的上级和下级信息实时通知给 Master，最后存储到 HBase 的 schema 中，包括有哪些表、每个表有哪些列族等信息。

2.2.4 HRegionServer

HRegionServer 是 HBase 中最核心的模块，主要负责响应用户 I/O 请求，向 HDFS 文件系统中读写数据。HRegionServer 管理一系列的 HRegion 对象，每个 HRegion 对应 Table 中一个 Region，HRegion 由多个 HStore 组成，其中每个 HStore 对应 Table 中一个 Column Family 的存储；所以

Column Family就是一个集中的存储单元，故将具有相同IO特性的Column放在一个Column Family中会更高效。HRegionServer架构图如图2-3所示。

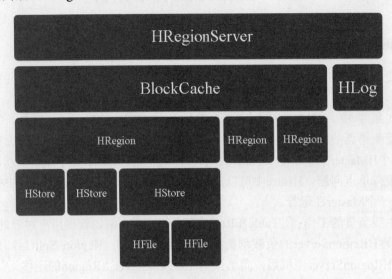

图2-3　HRegionServer 架构图

HTable指Table在行的方向上分割为多个HRegion，HTable结构图如图2-4所示。

当HRegion大小大于hbase.hregion.max.filesize设置的最大值之后，就会触发分割，从而HRegion会自动等分，如图2-5所示。

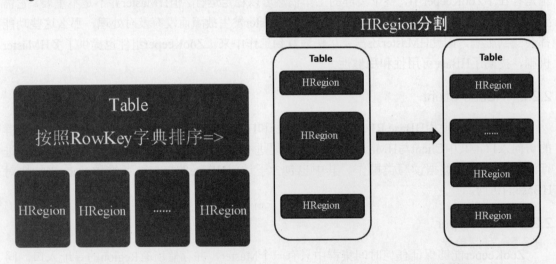

图2-4　HTable 结构图　　　　图2-5　HRegion 分割情况

HRegion是HBase中分布式存储及负载均衡的最小单元。最小单元就表示不同的HRegion可以分布在不同的HRegionServer上，但一个HRegion是不会拆分到多个Server上的。其分布情况如图2-6所示。

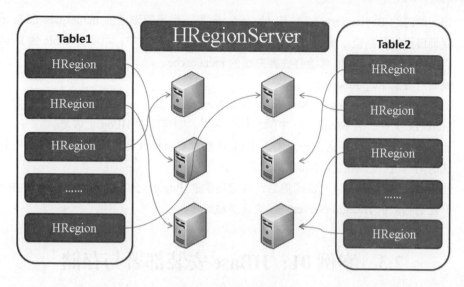

图 2-6　HRegion 分布情况

HRegion由一个或者多个HStore组成，每个HStore保存一个Column Family，每个HStore又由一个MemStore和0至多个StoreFile组成。MemStore存储在内存中，StoreFile存储在HDFS上。如图2-7所示。

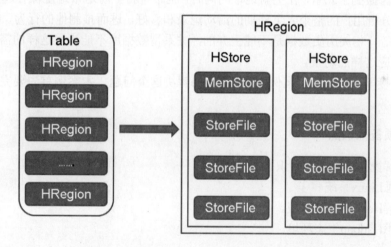

图 2-7　HRegion 由一个或者多个 HStore 组成

2.2.5　存储单元 Cell 与数据写入流程

HBase中通过Row和Column确定的一个存储单元称为Cell。存储单元中的数据是没有类型的，全部以字节码形式存储，每个Cell都保存着同一份数据的多个版本。版本通过时间戳来索引。每个Cell中，不同版本的数据按照时间倒序排序，即最新的数据排在最前面。

为了避免数据存在过多版本造成的管理负担，包括存储和索引负担，HBase提供了两种数据版本回收方式。一是保存数据的最后n个版本，二是保存最近一段时间内的版本，比如最近七天。用户可以针对每个列族进行设置，具体步骤如下：

步骤 01　Client 先访问 ZooKeeper，从 meta 表获取相应 Region 信息，然后找到 meta 表的数据。

步骤02 访问对应的 RegionServer，获取 hbase:meta 表，根据读请求的 namespace:table/rowkey，查询出目标数据位于哪个 RegionServer 中的哪个 Region 中，并将该 Table 的 Region 信息以及 meta 表的位置信息缓存在客户端的 meta cache。

步骤03 找到对应的 RegionServer。

步骤04 把数据分别写到 HLog 和 MemStore 中，MemStore 达到一个阈值后，则把数据生成一个 StoreFile 文件。若 MemStore 中的数据有丢失，则可以在 HLog 上恢复。

步骤05 当多个 StoreFile 文件达到一定的大小后，会触发 Compact 合并操作，合并为一个 StoreFile，这时同时进行版本的合并和数据删除。

步骤06 当 StoreFile 大小超过一定阈值后，会把当前的 Region 分割为两个 Split，并由 HMaster 分配到相应的 HRegionServer，以实现负载均衡。

2.3 案例01：HBase 安装部署与存储

2.3.1 案例背景

假设要存储用户的地址和喜好，首先可以考虑将这些信息存储到关系型数据库中。但是如果用户从上海搬到了北京，在更新地址的同时，也希望将上海这个地址保存起来。这种应用场景下，想要分析用户的整个人生周期的活动记录和喜好，进而推测他的行为、收入、知识层次、信用信息等。相关历史数据是不能丢弃的，关系型数据库不能满足这样的需求，而HBase可以很好地适应这样的场景。

我们将在接下来的一系列案例中使用HBase解决这个问题。本案例首先要完成搭建HBase数据仓库的任务。

2.3.2 案例预备知识点

（1）了解操作系统基础知识。
（2）熟悉Linux系统。
（3）了解Hadoop基础原理。
（4）熟悉Hadoop生态环境。

2.3.3 案例环境要求

（1）硬件环境：单核CPU、4GB内存、50GB硬盘。
（2）需要能够支持系统连接网络的网络环境。

2.3.4 任务一：安装和配置 HBase

HBase有三种运行模式：单机模式、分布式模式和伪分布式模式。单机模式一般不常用，伪分布式模式一般在测试中使用。在默认情况下HBase运行在单机模式下，如果要运行伪分布式模式或分布式模式的HBase，需要编辑安装目录下conf文件夹中相关的配置文件。在安装HBase之前都需要先安装完成Hadoop，并且需要做好时钟同步。若是使用ZooKeeper进行实时监控，则要预先安装好ZooKeeper。伪分布式模式和分布式模式的运行模式搭建方式如下。

1. 伪分布式模式

在伪分布式模式中,一台机器完成HBase所有组件的配置,需要依赖HDFS分布式存储,一般用于测试,而测试在项目中的重要程度不言而喻,下面讲解伪分布式运行模式的搭建方式。

步骤 01 在命令行中输入如下命令,使用 Linux 命令进入指定文件夹,并使用命令解压 HBase。

```
##解压到此目录
cd /home/hadoop
##解压文件
tar -zxvf /home/hadoop/hbase.tar.gz
```

步骤 02 解压后输入如下命令,进入到 HBase 安装目录的 conf 文件夹下配置文件:

```
##进入文件夹
cd /home/hadoop/hbase/conf
```

运行结果如图 2-8 所示。

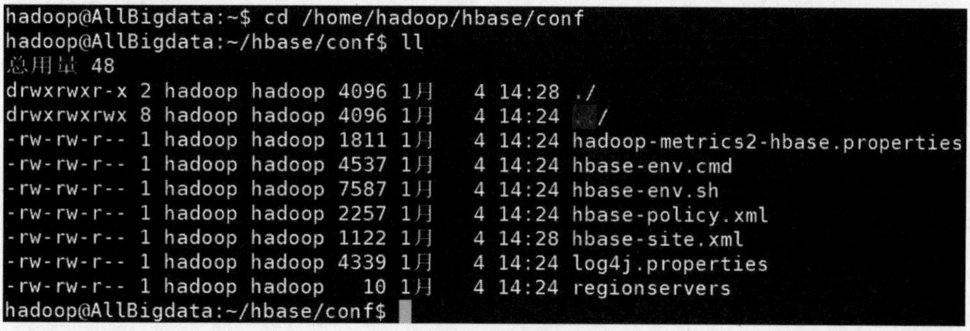

图 2-8 HBase 的 conf 目录

步骤 03 设置 JAVA_HOME 环境变量的配置,代码如下:

```
vi ~/.bashrc
##配置Hadoop和HBase路径环境
export JAVA_HOME=/usr/lib/jvm/default-java
export PATH=$PATH:$JAVA_HOME/bin
```

结果如图 2-9 所示。

图 2-9 JAVA_HOME 环境变量

步骤 04 设置 HBASE_HOME 路径的环境的值,代码如下:

```
vi /home/hadoop/hbase/conf/hbase-env.sh
##配置JDK路径
export JAVA_HOME=/usr/lib/jvm/default-java
export HBASE_CLASSPATH=/usr/local/hadoop/conf
export HBASE_MANAGES_ZK=true
```

结果如图 2-10 所示。

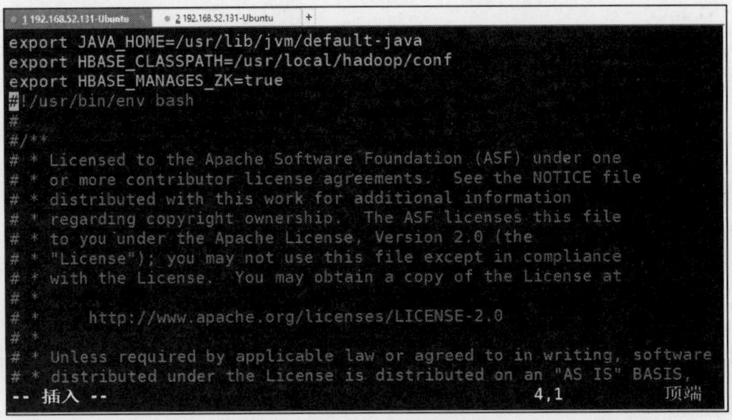

图 2-10　设置 HBASE_HOME 路径的环境的值

步骤 05　输入如下命令，配置 hbase-site.xml 文件，主要内容为 HBase 网页端口、HBase 的 root 路径、是否开启分布式集群以及 ZooKeeper 机器位置。

```xml
<configuration>
<!--HBase 1.0版本以后，需要自己手动配置HBase网页端口-->
<property>
        <name>hbase.master.info.port</name>
        <value>60010</value>
</property>
<!--HBase root路径-->
<property>
        <name>hbase:rootdir</name>
        <value>hdfs://localhost:8020/hbase</value>
</property>
<!--开启HBase分布式集群-->
<property>
        <name>hbase.cluster.distributed</name>
        <value>true</value>
</property>
<!--zookeeper机器位置-->
<property>
        <name>hbase.zookeeper.quorum</name>
        <value>localhost</value>
</property>
</configuration>
```

步骤 06　在 slaves 文件中配置主机名称，并启动 HDFS 服务，代码如下：

```
##启动HDFS服务，包括namenode、yarn、zookeeper等
/usr/local/hadoop/sbin/start-all.sh
```

步骤 07　启动 HBase 服务，并使用 jps 命令查看正在运行的软件，确定 HDFS 和 HBase 已经启动，实际执行的脚本如下：

```
##停止HBase
/home/hadoop/hbase/bin/stop-hbase.sh
##启动HBase
/home/hadoop/hbase/bin/start-hbase.sh
```

结果如图 2-11 所示。

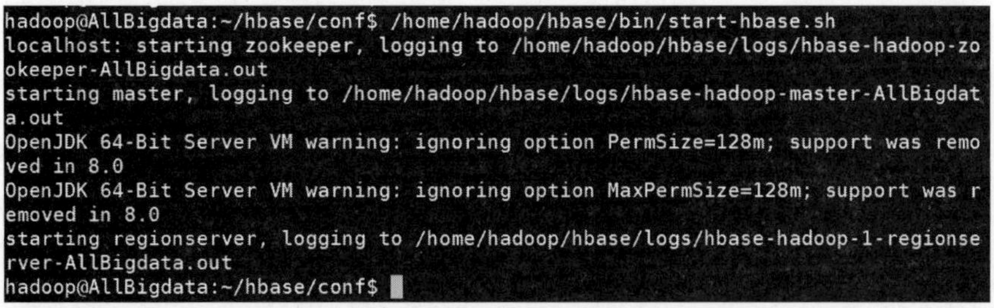

图 2-11　启动 HBase 服务

步骤 08　在浏览器中登录 HDFS 网页端进入 HDFS 的 Web 界面，输入 http://192.168.52.131:50070，访问 HDFS 页面如图 2-12 所示。

图 2-12　HDFS 的 Web 界面

步骤 09　浏览器中登录 HBase 网页端，输入 http://192.168.52.131:60010，进入 HBase 的 Web 管理界面，如图 2-13 所示。

图 2-13　HBase 的 Web 管理界面

步骤 10 可以在 HDFS 界面下查看到 HDFS 的 Datanodes 页面，如图 2-14 所示。

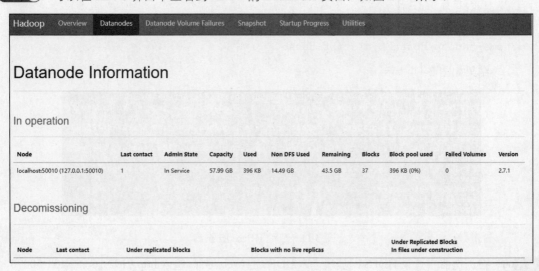

图 2-14　Datanodes 页面

2. 分布式模式

分布式部署指多机部署。一般情况下，HMaster和HregionServer分布在不同的服务器，需要依赖底层HDFS分布式存储。在部署大数据生态时，尤其是在大数据量的情况和容错机制的情况下，一般都使用分布式模式，具体步骤如下：

步骤 01 修改 hbase-env.sh 编辑配置文件，代码如下：

```
cd /home/hadoop/hbase/conf
vi hbase-env.sh
##配置文件值
export JAVA_HOME=/usr/lib/jvm/default-java
export HBASE_CLASSPATH=/usr/local/hadoop/conf
export HBASE_MANAGES_ZK=true
```

结果如图 2-15 所示。

```
hadoop@AllBigdata:~$ cd /home/hadoop/hbase-2.4.6/conf
hadoop@AllBigdata:~/hbase-2.4.6/conf$ vi hbase-env.sh

export JAVA_HOME=/usr/lib/jvm/default-java
export HBASE_CLASSPATH=/usr/local/hadoop/conf
export HBASE_MANAGES_ZK=true
```

图 2-15　HBase-env.sh 配置文件

步骤 02 修改环境变量，使用命令修改环境变量，配置 HBASE_HOME 和 PATH，代码如下：

```
vi ~/.bashrc
##环境变量
export HBASE_HOME=/home/hadoop/hbase
export PATH=$PATH:$HBASE_HOME/bin
```

配置结果如图 2-16 所示。

```
hadoop@AllBigdata:~/hbase/conf$ cat ~/.bashrc
export JAVA_HOME=/usr/lib/jvm/default-java
export PATH=$PATH:$JAVA_HOME/bin

export HADOOP_HOME=/usr/local/hadoop
export HIVE_HOME=/usr/local/hive
export HBASE_HOME=/home/hadoop/hbase
export PATH=$PATH:$HIVE_HOME/bin
export PATH=$PATH:$HADOOP_HOME/bin
export PATH=$PATH:$HBASE_HOME/bin
```

图 2-16　环境变量

步骤 03　分发并启动 HBase，使用 scp 命令分发到各个其他的子节点 Slaves 上，在 Master 中执行 start-hbase.sh 命令。

2.3.5　任务二：使用 HBase 操作用户数据

安装完成后，将使用 HBase 存储和操作数据。下面将在真实的环境中体验 HBase 的操作步骤，完成对用户数据的存储与操作。

步骤 01　编写和修改 hbase-site.xml 内容，此时多配置一个 hbase.master 的路径，方便之后的访问与查询。编辑文件内容如下：

```xml
<?xml version="1.0"?>
<?xml-stylesheet type="text/xsl" href="configuration.xsl"?>
<configuration>
  <property>
    <name>hbase.cluster.distributed</name>
    <value>false</value>
  </property>
  <property>
    <name>hbase.tmp.dir</name>
    <value>./tmp</value>
  </property>
  <property>
    <name>hbase.unsafe.stream.capability.enforce</name>
    <value>false</value>
  </property>
<property>
      <name>hbase.master.info.port</name>
      <value>60010</value>
</property>
<!--HBase root 路径-->
<property>
      <name>hbase:rootdir</name>
      <value>hdfs://localhost:8020/hbase</value>
</property>
<!--开启HBase分布式集群-->
<property>
      <name>hbase.cluster.distributed</name>
```

```
        <value>true</value>
    </property>
    <!--zookeeper 机器位置-->
    <property>
        <name>hbase.zookeeper.quorum</name>
        <value>localhost</value>
    </property>
</configuration>
```

步骤 02 编写/home/hadoop/hbase/conf/regionservers 文件，将 localhost 修改为 Slaves 的机器地址，配置 RegionServer 的主机地址，操作如下：

```
##编辑RegionServers文件
vi /home/hadoop/hbase/conf/regionservers
```

配置结果如图 2-17 所示。

```
hadoop@AllBigdata:~$ vi /home/hadoop/hbase/conf/regionservers

192.168.52.131
~
```

图 2-17 编辑 RegionServers 文件

步骤 03 在使用过程中，可以使用 help 命令查看命令帮助，来协助更好地使用 HBase。下面查看 create 命令的帮助文件，以便于使用它，代码如下：

```
##查看创建命令帮助
hbase(main)::> help  'create'
```

具体执行结果如图 2-18 所示。

```
hbase(main):019:0* help  'create'
Creates a table. Pass a table name, and a set of column family
specifications (at least one), and, optionally, table configuration.
Column specification can be a simple string (name), or a dictionary
(dictionaries are described below in main help output), necessarily
including NAME attribute.
Examples:

Create a table with namespace=ns1 and table qualifier=t1
  hbase> create 'ns1:t1', {NAME => 'f1', VERSIONS => 5}

Create a table with namespace=default and table qualifier=t1
  hbase> create 't1', {NAME => 'f1'}, {NAME => 'f2'}, {NAME => 'f3'}
  hbase> # The above in shorthand would be the following:
  hbase> create 't1', 'f1', 'f2', 'f3'
  hbase> create 't1', {NAME => 'f1', VERSIONS => 1, TTL => 2592000, BLOCKCACHE => true}
  hbase> create 't1', {NAME => 'f1', CONFIGURATION => {'hbase.hstore.blockingStoreFiles'
 => '10'}}

Table configuration options can be put at the end.
Examples:

  hbase> create 'ns1:t1', 'f1', SPLITS => ['10', '20', '30', '40']
  hbase> create 't1', 'f1', SPLITS => ['10', '20', '30', '40']
  hbase> create 't1', 'f1', SPLITS_FILE => 'splits.txt', OWNER => 'johndoe'
  hbase> create 't1', {NAME => 'f1', VERSIONS => 5}, METADATA => { 'mykey' => 'myvalue'
}
```

图 2-18 create 命令帮助

步骤 04 使用 create 命令创建一个 user 表，用于存储用户基本信息。使用 list 命令列出所有表，代码如下：

```
##创建一个表
hbase(main)::> create 'user', 'info'
```

```
##列出表
hbase(main)::> list
```

具体执行结果如图 2-19 所示。

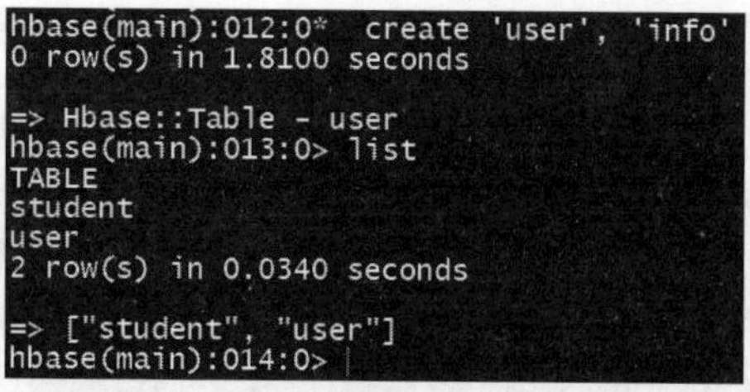

图 2-19 创建 user 表

步骤 05 当需要查看表数据的元数据时，可以使用 describe 查看，例如 describe 'user'查看 user 表元数据信息。元数据信息可以帮助我们了解此表的结构，实现信息资源的有效发现、查找和对使用资源的有效管理。

```
##查看表信息
hbase(main)::> describe 'user'
```

执行结果如图 2-20 所示。

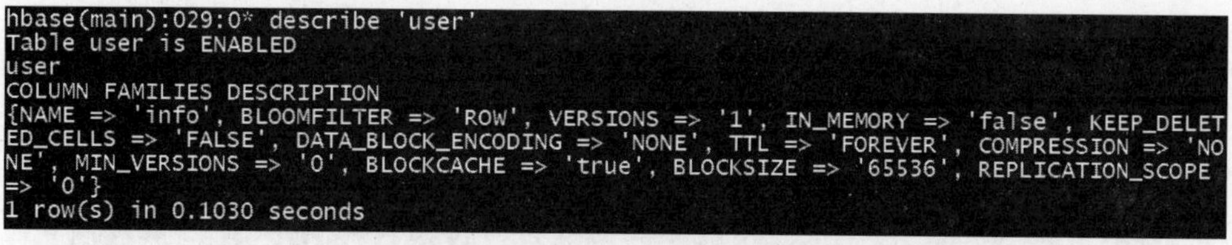

图 2-20 查看 user 表数据信息

步骤 06 此时需要往用户表中插入用户数据，查看 put 插入帮助示例，根据帮助提示，往 user 表中插入 4 列数据，用于记录用户的姓名、年龄、性别、住址等信息，代码如下：

```
Hbase (main)::> put 'user' ,'lisi','info:name','lisi'         ##姓名
hbase (main)::> put 'user' ,'lisi','info:age','20'            ##年龄
hbase (main)::> put 'user' ,'lisi','info:sex','man'           ##性别
hbase (main)::> put 'user' ,'lisi','info:address','fujian'    ##住址
```

执行结果如图 2-21 所示。

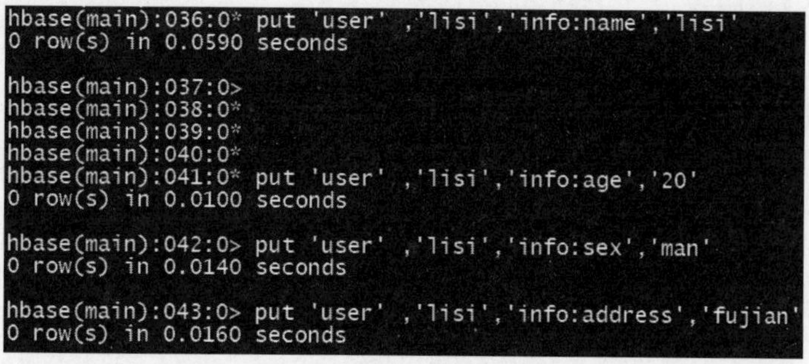

图 2-21 put 命令

步骤07 　HBase 的数据查询有两种方式：依据 rowkey 查询，获取唯一的一条记录的 get；按指定的条件获取一批记录的 scan。下面分别使用 get 命令和 scan 命令对用户的数据进行查询。get 命令具体执行结果如图 2-22 所示。

```
hbase(main):044:0> help 'get'
Get row or cell contents; pass table name, row, and optionally
a dictionary of column(s), timestamp, timerange and versions. Examples:

  hbase> get 'ns1:t1', 'r1'
  hbase> get 't1', 'r1'
  hbase> get 't1', 'r1', {TIMERANGE => [ts1, ts2]}
  hbase> get 't1', 'r1', {COLUMN => 'c1'}
  hbase> get 't1', 'r1', {COLUMN => ['c1', 'c2', 'c3']}
  hbase> get 't1', 'r1', {COLUMN => 'c1', TIMESTAMP => ts1}
  hbase> get 't1', 'r1', {COLUMN => 'c1', TIMERANGE => [ts1, ts2], VERSIONS => 4}
  hbase> get 't1', 'r1', {COLUMN => 'c1', TIMESTAMP => ts1, VERSIONS => 4}
  hbase> get 't1', 'r1', {FILTER => "ValueFilter(=, 'binary:abc')"}
  hbase> get 't1', 'r1', 'c1'
  hbase> get 't1', 'r1', 'c1', 'c2'
  hbase> get 't1', 'r1', ['c1', 'c2']
  hbase> get 't1', 'r1', {COLUMN => 'c1', ATTRIBUTES => {'mykey'=>'myvalue'}}
  hbase> get 't1', 'r1', {COLUMN => 'c1', AUTHORIZATIONS => ['PRIVATE','SECRET']}
  hbase> get 't1', 'r1', {CONSISTENCY => 'TIMELINE'}
  hbase> get 't1', 'r1', {CONSISTENCY => 'TIMELINE', REGION_REPLICA_ID => 1}
```

图 2-22　get 相关命令

步骤08 　使用 get 根据 rowkey 和列分别查询，代码如下：

```
hbase(main)::> get 'user', 'lisi'                      ##查询user表中数据
hbase(main)::> get 'user', 'lisi', 'info:name'         ##查询user表中name数据
```

执行结果如图 2-23 所示。

```
hbase(main):052:0* get 'user', 'lisi'
COLUMN              CELL
 info:address       timestamp=1634113093886, value=fujian
 info:age           timestamp=1634113080949, value=20
 info:name          timestamp=1634112991716, value=lisi
 info:sex           timestamp=1634113086337, value=man
4 row(s) in 0.0500 seconds

hbase(main):053:0> get 'user', 'lisi', 'info:name'
COLUMN              CELL
 info:name          timestamp=1634112991716, value=lisi
1 row(s) in 0.0180 seconds
```

图 2-23　get 命令执行结果

步骤09 　对于 scan 命令，使用 help 命令查看 scan 帮助示例，以帮助使用这条命令，具体执行结果如图 2-24 所示。

步骤10 　再插入 4 条用户记录，利用这 4 条数据帮助我们更好地理解 scan 扫描命令，插入数据后使用 scan 命令扫描全表，代码如下：

```
hbase(main)::> put 'user','key','info:name','wangwu'          ##姓名
hbase(main)::> put 'user' ,'key','info:age','22'              ##年龄
hbase(main)::> put 'user' ,'key','info:sex','man'             ##性别
hbase(main)::> put 'user' ,'key','info:tel','15980580912'     ##电话
hbase(main)::> scan 'user'                                    ##扫描全表
```

执行结果如图 2-25 所示。

```
hbase(main):057:0* help 'scan'
Scan a table; pass table name and optionally a dictionary of scanner
specifications.  Scanner specifications may include one or more of:
TIMERANGE, FILTER, LIMIT, STARTROW, STOPROW, ROWPREFIXFILTER, TIMESTAMP,
MAXLENGTH or COLUMNS, CACHE or RAW, VERSIONS

If no columns are specified, all columns will be scanned.
To scan all members of a column family, leave the qualifier empty as in
'col_family'.

The filter can be specified in two ways:
1. Using a filterString - more information on this is available in the
   Filter Language document attached to the HBASE-4176 JIRA
2. Using the entire package name of the filter.

Some examples:

  hbase> scan 'hbase:meta'
  hbase> scan 'hbase:meta', {COLUMNS => 'info:regioninfo'}
  hbase> scan 'ns1:t1', {COLUMNS => ['c1', 'c2'], LIMIT => 10, STARTROW => 'xyz'}
  hbase> scan 't1', {COLUMNS => ['c1', 'c2'], LIMIT => 10, STARTROW => 'xyz'}
  hbase> scan 't1', {COLUMNS => 'c1', TIMERANGE => [1303668804, 1303668904]}
  hbase> scan 't1', {REVERSED => true}
  hbase> scan 't1', {ROWPREFIXFILTER => 'row2', FILTER => "
    (QualifierFilter (>=, 'binary:xyz')) AND (TimestampsFilter ( 123, 456))"}
  hbase> scan 't1', {FILTER =>
    org.apache.hadoop.hbase.filter.ColumnPaginationFilter.new(1, 0)}
  hbase> scan 't1', {CONSISTENCY => 'TIMELINE'}
For setting the Operation Attributes
  hbase> scan 't1', { COLUMNS => ['c1', 'c2'], ATTRIBUTES => {'mykey' => 'myvalue'}}
  hbase> scan 't1', { COLUMNS => ['c1', 'c2'], AUTHORIZATIONS => ['PRIVATE','SECRET']}
For experts, there is an additional option -- CACHE_BLOCKS -- which
switches block caching for the scanner on (true) or off (false). By
default it is enabled.  Examples:
```

图 2-24 scan 命令帮助示例

```
hbase(main):066:0* put 'user','key','info:name','wangwu'
0 row(s) in 0.0280 seconds

hbase(main):067:0> put 'user' ,'key','info:age','22'
0 row(s) in 0.0100 seconds

hbase(main):068:0> put 'user' ,'key','info:sex','man'
0 row(s) in 0.0370 seconds

hbase(main):069:0> put 'user' ,'key','info:tel','15980580912'
0 row(s) in 0.0080 seconds

hbase(main):070:0> scan 'user'
ROW                     COLUMN+CELL
 key                    column=info:age, timestamp=1634113598313, value=22
 key                    column=info:name, timestamp=1634113586776, value=wangwu
 key                    column=info:sex, timestamp=1634113602380, value=man
 key                    column=info:tel, timestamp=1634113622549, value=15980580912
 lisi                   column=info:address, timestamp=1634113093886, value=fujian
 lisi                   column=info:age, timestamp=1634113080949, value=20
 lisi                   column=info:name, timestamp=1634112991716, value=lisi
 lisi                   column=info:sex, timestamp=1634113086337, value=man
2 row(s) in 0.0540 seconds
```

图 2-25 scan 命令查询结果

步骤 11 再插入几条数据，代码如下：

```
hbase(main)::> put 'user' ,'1003','info:name','zhangsan1003'
hbase(main)::> put 'user' ,'1004','info:name','zhangsan1004'
```

执行结果如图 2-26 所示。

```
hbase(main):004:0> put 'user' ,'1003','info:name','zhangsan1003'
0 row(s) in 0.0840 seconds

hbase(main):005:0> put 'user' ,'1004','info:name','zhangsan1004'
0 row(s) in 0.0140 seconds
```

图 2-26 添加命令

步骤 12 若想寻找 1004 行之后的用户，可以使用条件查询，命令如下：

```
##按条件查询
hbase(main)::> scan 'user',{STARTROW=>'1004'}
```

执行结果如图 2-27 所示。

```
hbase(main):008:0* scan 'user',{STARTROW=>'1004'}
ROW                    COLUMN+CELL
 1004                  column=info:name, timestamp=1634113918256, value=zhangsan1004
 key                   column=info:age, timestamp=1634113598313, value=22
 key                   column=info:name, timestamp=1634113586776, value=wangwu
 key                   column=info:sex, timestamp=1634113602380, value=man
 key                   column=info:tel, timestamp=1634113622549, value=15980580912
 lisi                  column=info:address, timestamp=1634113093886, value=fujian
 lisi                  column=info:age, timestamp=1634113080949, value=20
 lisi                  column=info:name, timestamp=1634112991716, value=lisi
 lisi                  column=info:sex, timestamp=1634113086337, value=man
3 row(s) in 0.0730 seconds
```

图 2-27　按条件查询

步骤 13　若是有用户需要注销或删除，可以使用删除命令，命令如下：

```
##删除rowkey行info列族的name值
hbase(main)::> delete 'user','key','info:name'
##扫描user表
hbase(main)::> scan 'user'
```

执行结果如图 2-28 所示。

```
hbase(main):016:0* delete 'user','key','info:name'
0 row(s) in 0.0070 seconds

hbase(main):017:0> scan 'user'
ROW                    COLUMN+CELL
 1003                  column=info:name, timestamp=1634113913347, value=zhangsan1003
 1004                  column=info:name, timestamp=1634113918256, value=zhangsan1004
 key                   column=info:age, timestamp=1634113598313, value=22
 key                   column=info:sex, timestamp=1634113602380, value=man
 key                   column=info:tel, timestamp=1634113622549, value=15980580912
 lisi                  column=info:address, timestamp=1634113093886, value=fujian
 lisi                  column=info:age, timestamp=1634113080949, value=20
 lisi                  column=info:name, timestamp=1634112991716, value=lisi
 lisi                  column=info:sex, timestamp=1634113086337, value=man
4 row(s) in 0.0480 seconds
```

图 2-28　delete 相关命令

步骤 14　若此时有一个用户注销了，可以使用 deleteall 删除某行的所有数据，来达到删除其所有数据的目的。命令如下：

```
##删除row行所有数据
hbase(main)::> deleteall 'user', 'key'
##扫描user表
hbase(main)::> scan 'user'
```

执行结果如图 2-29 所示。

```
hbase(main):019:0* deleteall 'user', 'key'
0 row(s) in 0.0130 seconds

hbase(main):020:0> scan 'user'
ROW                    COLUMN+CELL
 1003                  column=info:name, timestamp=1634113913347, value=zhangsan1003
 1004                  column=info:name, timestamp=1634113918256, value=zhangsan1004
 lisi                  column=info:address, timestamp=1634113093886, value=fujian
 lisi                  column=info:age, timestamp=1634113080949, value=20
 lisi                  column=info:name, timestamp=1634112991716, value=lisi
 lisi                  column=info:sex, timestamp=1634113086337, value=man
3 row(s) in 0.0330 seconds
```

图 2-29　删除某行数据

2.3.6 任务三：使用 HBase 进行数据检索与数据存储

在开发时不仅有user用户信息这一个表，可能还有vip表、emp员工表等，需要将其分在不同的命名空间内，而这些数据是如何存储与取出的呢？此时就可以使用ZooKeeper来帮助HBase。ZooKeeper是HBase集群的协调器。区域服务器和活动HMaster通过会话连接到ZooKeeper，接下来，需要了解一下命名空间以及这些数据的检索与存储。

步骤01 启动 HDFS 和 HBase 服务，并进入 Shell 脚本：

```
##启动HDFS
/usr/local/hadoop/sbin/start-all.sh
##启动HBase
/home/hadoop/hbase/bin/start-hbase.sh
##进入shell 脚本
/home/hadoop/hbase/bin/hbase shell
```

步骤02 显示命名空间，使用命令如下：

```
hbase(main)::>list_namespace
```

执行结果如图 2-30 所示。

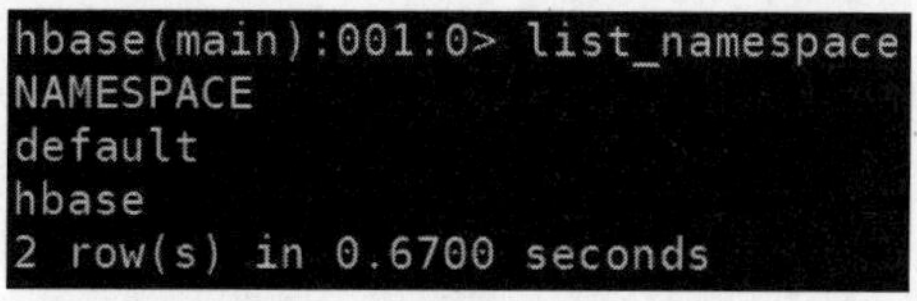

```
hbase(main):001:0> list_namespace
NAMESPACE
default
hbase
2 row(s) in 0.6700 seconds
```

图 2-30 查看命名空间

步骤03 查看 HBase 命名空间下的表，代码如下：

```
##查询
hbase(main)::> list_namespace_tables 'hbase'
```

执行结果如图 2-31 所示。

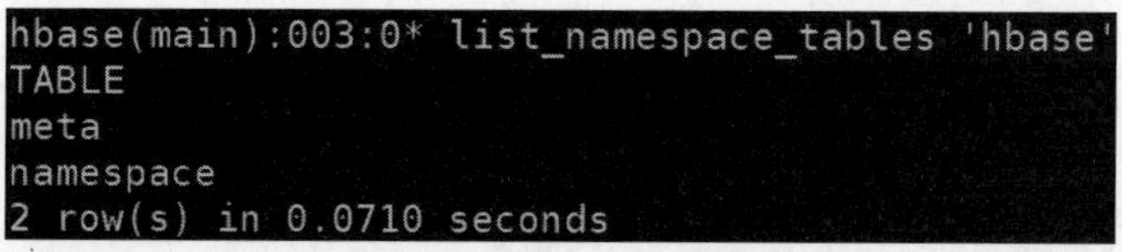

```
hbase(main):003:0* list_namespace_tables 'hbase'
TABLE
meta
namespace
2 row(s) in 0.0710 seconds
```

图 2-31 查询 HBase 命名空间下的表

步骤04 查 HBase 命名空间下 meta 元数据表的元数据信息，所有表的元数据都存储在 meta 表中，查询元数据代码如下：

```
##查询元数据
hbase(main)::> scan 'hbase:meta'
```

执行结果如图 2-32 所示。

Meta 中有一个 Region，在 ZooKeeper 的/hbase/meta-region-server 中可以查看到 Region 信息。

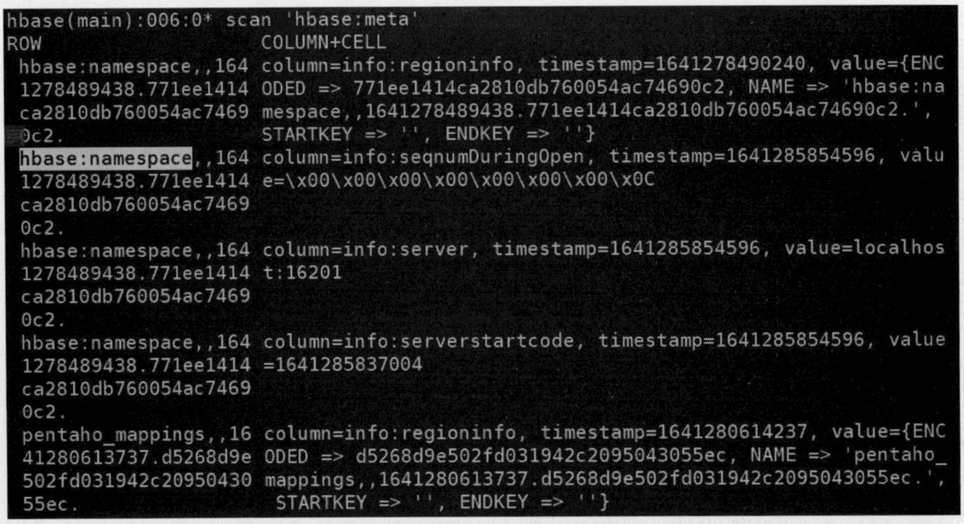

```
hbase(main):006:0* scan 'hbase:meta'
ROW                    COLUMN+CELL
 hbase:namespace,,164  column=info:regioninfo, timestamp=1641278490240, value={ENC
 1278489438.771ee1414  ODED => 771ee1414ca2810db760054ac74690c2, NAME => 'hbase:na
 ca2810db760054ac7469  mespace,,1641278489438.771ee1414ca2810db760054ac74690c2.',
 0c2.                  STARTKEY => '', ENDKEY => ''}
 hbase:namespace,,164  column=info:seqnumDuringOpen, timestamp=1641285854596, valu
 1278489438.771ee1414  e=\x00\x00\x00\x00\x00\x00\x00\x0C
 ca2810db760054ac7469
 0c2.
 hbase:namespace,,164  column=info:server, timestamp=1641285854596, value=localhos
 1278489438.771ee1414  t:16201
 ca2810db760054ac7469
 0c2.
 hbase:namespace,,164  column=info:serverstartcode, timestamp=1641285854596, value
 1278489438.771ee1414  =1641285837004
 ca2810db760054ac7469
 0c2.
 pentaho_mappings,,16  column=info:regioninfo, timestamp=1641280614237, value={ENC
 41280613737.d5268d9e  ODED => d5268d9e502fd031942c2095043055ec, NAME => 'pentaho_
 502fd031942c20950430  mappings,,1641280613737.d5268d9e502fd031942c2095043055ec.',
 55ec.                 STARTKEY => '', ENDKEY => ''}
```

图 2-32　HBase 命名空间下 meta 表的元数据信息

步骤 05　进入 ZooKeeper 客户端的代码如下：

```
##进入zk
/usr/local/zookeeper/bin/zkCli.sh
```

步骤 06　在 ZooKeeper 客户端中读取 meta 表中的 Region 信息，代码如下：

```
##获取meta表中的Region信息
get /hbase/meta-region-server
```

执行结果如图 2-33 所示。

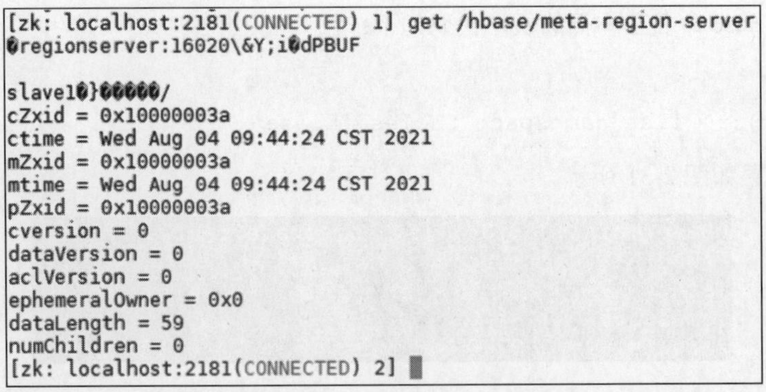

```
[zk: localhost:2181(CONNECTED) 1] get /hbase/meta-region-server
 regionserver:16020\&Y;i dPBUF

slave10}
cZxid = 0x10000003a
ctime = Wed Aug 04 09:44:24 CST 2021
mZxid = 0x10000003a
mtime = Wed Aug 04 09:44:24 CST 2021
pZxid = 0x10000003a
cversion = 0
dataVersion = 0
aclVersion = 0
ephemeralOwner = 0x0
dataLength = 59
numChildren = 0
[zk: localhost:2181(CONNECTED) 2]
```

图 2-33　ZooKeeper 客户端 meta 表中的 Region 信息

meta 表保存了对应的主机端口，找到后执行相应的操作。

步骤 07　进入 ZooKeeper 客户端，在 /hbase/rs 下可以查看到 RegionServer 信息，获取 RegionServer 的位置、主机名称、端口号、标识编号，代码如下：

```
##执行结束后按回车键进入命令行
/usr/local/zookeeper/bin/zkCli.sh
##查看到RegionServer信息
ls /hbase/rs
```

结果如图 2-34 所示。

```
[zk: localhost:2181(CONNECTED) 2] ls /hbase/rs
[slave1,16020,1628041454590, slave2,16020,1628041454403]
[zk: localhost:2181(CONNECTED) 3]
```

图 2-34　获取 RegionServer 信息

我们在上面案例操作的基础上，来看一下HMaster的工作原理，如图2-35所示。

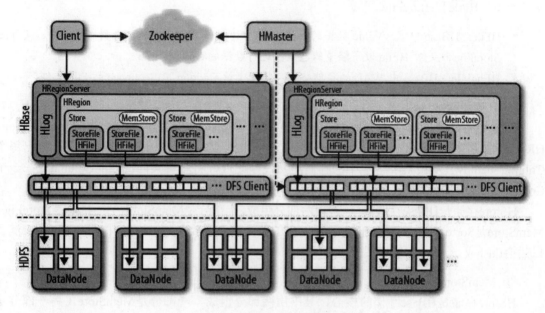

图 2-35　HMaster 工作原理

RegionServer下有多个Region，Region下有1个HLog和多个Store，1个Store 对应1个列族，1个Store下有1个MemStore和多个StoreFile，StoreFile下面封装着实际存储文件HFile，数据是存储在HDFS上的。在浏览器端查看HDFS，结果如图2-36所示。

Permission	Owner	Group	Size	Last Modified	Replication	Block Size	Name
drwxr-xr-x	hadoop	supergroup	0 B	2018/5/10 下午5:33:38	0	0 B	cjp
drwxr-xr-x	hadoop	supergroup	0 B	2021/10/13 下午4:06:07	0	0 B	hbase
-rw-r--r--	hadoop	supergroup	11.61 KB	2018/6/7 下午2:43:28	1	128 MB	input
drwxr-xr-x	hadoop	supergroup	0 B	2018/5/11 上午10:01:35	0	0 B	input_spark
-rw-r--r--	hadoop	supergroup	11.64 KB	2018/3/6 下午7:04:33	1	128 MB	input_spart
drwxr-xr-x	hadoop	supergroup	0 B	2018/5/11 上午10:00:34	0	0 B	movie
drwxr-xr-x	hadoop	supergroup	0 B	2018/5/11 上午11:00:02	0	0 B	output_spark
drwxr-xr-x	hadoop	supergroup	0 B	2018/2/26 上午12:14:03	0	0 B	spark
drwx-wx-wx	hadoop	supergroup	0 B	2021/12/20 下午8:47:18	0	0 B	tmp
drwxr-xr-x	hadoop	supergroup	0 B	2017/11/5 下午9:57:39	0	0 B	user

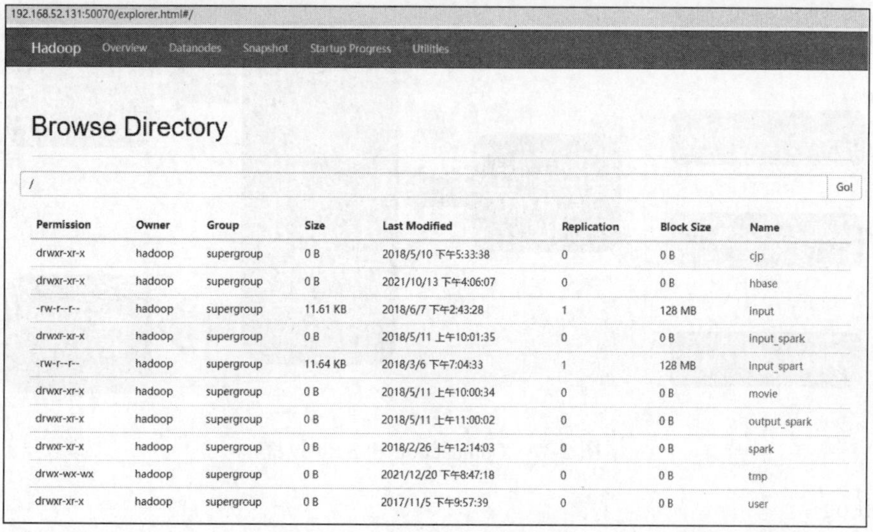

图 2-36　HDFS 上查看 HFile

HRegion首先往HLog写一份备份,存储在HDFS上,用于数据恢复,然后再往MemStore中写数据,在MemStore中写到一定数据后,再往StoreFile的HFile中写数据,即在HDFS上写入数据。下面分别介绍HBase数据存储、HRegionServer、MemStore、StoreFile和HLog。

① HBase数据存储

HBase中的所有数据文件都存储在Hadoop的HDFS文件系统上,主要包括上述提出的两种文件类型:HFile和HLogFile。

- HFile: HBase中KeyValue数据的存储格式。HFile是Hadoop的二进制格式文件,实际上StoreFile就是对HFile做了轻量级包装,进行数据的存储。
- HLogFile: HBase中WAL的存储格式。物理上是Hadoop中Sequence的File文件。

② HRegionServer

HRegionServer内部管理一系列HRegion对象,每个HRegion对应了Table中的一个HRgion,HRegion由多个HStore组成。每个HStore对应Table中一个Column Family的存储,可以看出每个Column Family其实就是一个集中的存储单元,因此最好将具备共同特性的Column放在一个Column的Family中,这样最高效。

HStore存储是HBase存储的核心,由两部分组成,一部分是MemStore,另一部分是StoreFile。MemStore是Sorted Memory Buffer,用户写入的数据首先会放入MemStore中,当MemStore满了以后会flush成一个StoreFile,底层实现是HFile。

③ MemStore与StoreFile

HStore存储是HBase存储的核心,其中由两部分组成,一部分是MemStore,另一部分是StoreFiles。

HBase只是增加数据,所有的更新和删除操作都是在Compact阶段完成的,所以用户写操作只需要进入到内存即可立即返回,从而保证IO高性能。图2-37描述了Compaction和Split的过程。

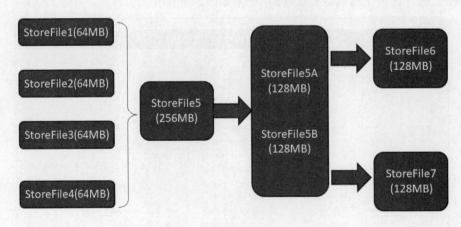

图2-37 Compaction和Split过程

④ HLog

WAL意思是Write Ahead Log提前写日志,类似MySQL中的binlog,主要作用是做恢复的。HLog记录数据的所有变更,一旦数据修改,就可以从HLog中进行恢复。每个HRegionServer

维护一个HLog，因此，来自不同Table的Region的日志会混在一起，这样做的目的是不断追加单个文件，相对于同时写多个文件而言，可以减少磁盘寻址次数，因此可以提高对Table的写性能。带来的麻烦是，如果一台HRegionServer下线，为了恢复其上的Region，需要将HRegionServer上的Log进行拆分，然后分发到其他HRegionServer上进行恢复。

2.4 习　　题

（1）简要阐述HBase的架构和基本原理？
（2）说明ZooKeeper在HBase中的作用与充当的角色？
（3）为什么要使用HMaster，它的作用是什么？
（4）简述HRegionServer的作用？
（5）简述Region的作用？
（6）简述StoreFile的作用？
（7）简述HFile的作用？
（8）简述HLog的作用？
（9）简述HBase与传统关系型数据库（如MySQL）的区别？
（10）什么时候适合使用HBase（应用场景）？

第 3 章

HBase 的接口

本章学习目标：

* 熟悉 HBase 接口
* 学习 HBase 的 API 及常用 Java 的 API 用法

3.1　HBase 接口的介绍

3.1.1　支持 HBase API 操作的相关组件

- Native Java API：是最常规和高效的访问方式，适合用在 Hadoop 的 MapReduce Job 并行批处理 HBase 表数据。
- HBase shell：HBase 的命令行工具，最简单的接口，适合 HBase 管理使用。
- Thrift Gateway：利用 Thrift 序列化技术，支持 C++、PHP、Python 等多种语言，适合其他异构系统在线访问 HBase 表数据。
- REST Gateway：支持 REST 风格的 HTTP API 访问 HBase，解除了语言限制。
- Pig：可以使用 Pig Latin 流式编程语言来操作 HBase 中的数据，和 Hive 类似，本质最终也是编译成 MapReduce Job 来处理 HBase 表数据，适合做数据统计。
- Hive：可以使用类似 SQL 语言来访问 HBase，HBase 的数据模型如表 3-1 所示。

表 3-1　HBase 的数据模型

Row Key	Timestamp	Column Family：url	
		Column	Value
r1	T1		
r1	T2	url:col-1	Value-1
r1	T3	url:col-2	Value-2
r2	T4	url:col-3	Value-3
r2	T5	url:col-4	Value-4

上表中各列的字段含义说明如下：

- Row Key（行键）：Table 的主键，Table 中的记录默认按照 Row Key 升序排序。
- Timestamp（时间戳）：每次数据操作对应的时间戳，可以看作是数据的 version number。
- Column Family(列族)：Table 在水平方向由一个或者多个 Column Family 组成，一个 Column Family 中可以由任意多个 Column 组成，即 Column Family 支持动态扩展，无须预先定义 Column 的数量以及类型，所有 Column 均以二进制格式存储，用户需要自行进行类型转换。
- Column（列名）：HBase 表的列是由列族名、限定符以及列名组成的，其中":"为限定符，创建 HBase 表不需要指定列，因为列是可变的，非常灵活。

3.1.2 表 Table 和区域 Region

当Table随着记录数不断增加而变大后，会逐渐分裂成多份Splits，成为Regions，一个Region 由[startkey,endkey]表示，不同的Region会被Master分配给相应的RegionServer进行管理，如图3-1所示。

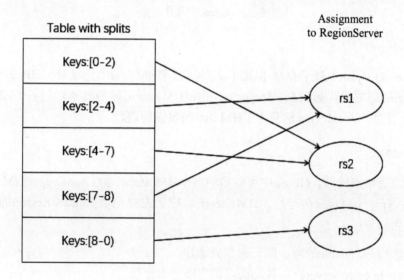

图 3-1　Region 的分配管理

3.1.3　Client

HBase Client使用HBase的RPC机制与HMaster和HRegionServer进行通信。对于管理类操作，Client与HMaster进行RPC；对于数据读写类操作，Client与HRegionServer进行RPC。如图3-2展示了Client的操作对象。

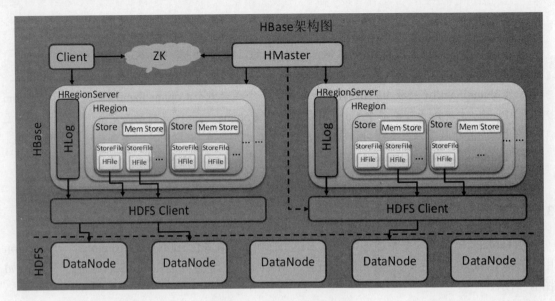

图 3-2　Client 的操作对象

3.1.4　ZooKeeper

ZooKeeper Quorum中除了存储-ROOT-表的地址和HMaster的地址外，HRegionServer也会把自己以Ephemeral方式注册到ZooKeeper中，使得HMaster可以随时感知到各个HRegionServer的健康状态。此外，ZooKeeper也避免了HMaster的单点问题。

3.1.5　HMaster

HMaster没有单点问题，HBase中可以启动多个HMaster，通过ZooKeeper的Master Election机制，保证总有一个Master在运行。HMaster在功能上主要负责Table和Region的管理工作，HMaster的作用如下：

（1）管理用户对Table的增、删、改、查操作。
（2）管理HRegionServer的负载均衡，调整Region分布。
（3）在Region Split后，负责新Region的分配。
（4）在HRegionServer停机后，负责失效HRegionServer上的Regions迁移。

HRegionServer 主要负责响应用户 I/O 请求，向 HDFS 文件系统中读写数据，是 HBase 中最核心的模块。

HRegionServer内部管理了一系列HRegion对象，每个HRegion对应了Table中的一个Region，HRegion中由多个HStore组成。每个HStore对应了Table中的一个Column Family的存储，可以看出，每个Column Family其实就是一个集中的存储单元，因此最好将具备共同I/O特性的Column放在一个Column Family中，这样最高效。

HStore存储是HBase存储的核心，它由两部分组成：一部分是MemStore内存存储，另一部分是StoreFiles存储文件。用户写入的数据首先会放入MemStore，当MemStore满了以后会flush成一个StoreFile，底层实现的是HFile，当StoreFile文件数量增长到一定阈值时，会触发Compact合并操作，将多个StoreFiles合并成一个StoreFile，合并过程中会进行版本合并和数据删除，因此可以看出HBase其实只有增加数据,所有的更新和删除操作都是在后续的Compact过程中进行的,这使得用户的写操作只要进入内存中就可以立即返回,保证了HBase的I/O高性能。当StoreFiles Compact后,会逐步形成越来越大的StoreFile,当单个StoreFile大小超过一定阈值后,会触发Split操作,同时把当前的Region Split分成2个Region,父Region会下线,新Split出的2个Region会被HMaster分配到相应的HRegionServer上,使得原先1个Region的压力得以分流到2个Region上。

在理解了上述HStore的基本原理后,还必须了解一下HLog的功能,因为上述的HStore在系统正常工作的前提下是没有问题的,但是在分布式系统环境中,无法避免系统出错或者宕机,因此一旦HRegionServer意外退出,MemStore中的内存数据将会丢失,这就需要引入HLog。每个HRegionServer中都有一个HLog对象,HLog是一个实现Write Ahead Log的类,在每次用户操作写入MemStore的同时,也会写一份数据到HLog文件中,HLog文件定期会滚动出新的文件,并删除旧的文件。当HRegionServer意外终止后,HMaster会通过ZooKeeper感知到,HMaster首先会处理遗留的HLog文件,将其中不同Region的Log数据进行拆分,分别放到相应Region的目录下,然后再将失效的Region重新分配,领取到这些Region的HRegionServer在Load Region的过程中,会发现有历史HLog需要处理,因此Replay HLog中的数据会写到MemStore中,然后flush到StoreFile,完成数据恢复。

3.2 HBase 的 API 概述

HBase是Hadoop生态圈的NoSQL数据库,能够对大数据提供随机、实时读写访问的功能,是一种开源的、分布式的、多版本的、面向列的存储模型。

HBase Master服务器负责管理所有的HRegion服务器,HBase Master并不存储HBase服务器的任何数据,HBase逻辑上的表可能会划分为多个HRegion,然后存储在HRegionServer群中,HBase Master Server中存储的是从数据到HRegionServer的映射。

一台机器只能运行一个HRegion服务器,数据的操作会记录在HLog中,在读取数据时,HRegion会先访问HMemcache缓存,如果缓存中没有数据才回到HStore中上查找,每一列都会有一个HStore集合,每个HStore集合包含了很多具体的HStoreFile文件,这些文件是B树结构的,方便快速读取。HBase数据物理视图如表3-2所示。

表 3-2　HBase 数据物理视图

Row Key	Timestamp	Column Family	
		URI	Parser
r1	t3	urn=http://www.taobao.com	title=天天特价
	t2	host=taobao.com	
	t1		
r2	t5	urn=http://www.alibaba.com	content=每天
	t4	host=alibaba.com	

3.3 HBase 的常用 Java API

1. 写入数据

写入数据的操作说明如下：

（1）在写入数据时，首先需要获取到需要操作的Table对象。
（2）然后创建一个Put对象来执行更新操作，创建对象时需要给定一个行名。
（3）然后在Put对象中添加需要执行的操作，这里是添加数据。
（4）数据填充完后，在表上执行Put操作。
（5）关闭表。

写入数据的代码如图 3-3 所示。

```
private def putRow(row: String, username: String, password: String, home: String, office: String): Unit =
{
    val table = connection.getTable(TableName.valueOf("user"))
    val put = new CopyCommands.Put(Bytes.toBytes(row))
    put.addColumn(Bytes.toBytes("base"), Bytes.toBytes("username"), Bytes.toBytes(username))
    put.addColumn(Bytes.toBytes("base"), Bytes.toBytes("password"), Bytes.toBytes(password))
    put.addColumn(Bytes.toBytes("address"), Bytes.toBytes("home"), Bytes.toBytes(home))
    put.addColumn(Bytes.toBytes("address"), Bytes.toBytes("office"), Bytes.toBytes(office))
    table.put(put)
    table.close
}
```

图 3-3 HBase 的写入代码

2. 获取数据

获取数据的操作说明如下：

（1）首先获取到需要操作的Table对象。
（2）创建Get对象来执行获取操作，创建Get对象时，需要告诉它是要获取哪一行数据。
（3）然后在表上执行Get操作来获取数据，获取到数据后，将数据保存在Result对象中，可以通过Result对象的一些方法来获取需要的值。
（4）关闭表。

获取数据的代码如图 3-4 所示。

```
public static void getData() throws IOException {
    String tablename = "user";
    HTable table = getTableName(tablename);
    Get get = new Get(Bytes.toBytes(""));
    Result rs = table.get(get);
    for (Cell cell: rs.rawCells()) {
        System.out.println(Bytes.toString(CellUtil.cloneFamily(cell)) + ":" +
            Bytes.toString(CellUtil.cloneQualifier(cell)) + "->" +
            Bytes.toString(CellUtil.cloneValue(cell)));
    }
    table.close();
}
```

图 3-4 获取数据的代码

3. 查询数据

查询数据的操作说明如下：

（1）首先获取到需要操作的Table对象。
（2）创建scan对象来执行查询操作。
（3）然后在表上执行scan操作并得到ResultScanner对象。
（4）然后在ResultScanner上执行迭代操作来获取其中的值。
（5）关闭表。

查询数据的代码如图 3-5 所示。

```
private void getRows() throws IOException {
    Table table = connection.getTable(TableName.valueOf("user"));
    Scan scan = new Scan();
    ResultScanner resultScanner = table.getScanner(scan);
    Iterator<Result> it = resultScanner.iterator();
    while (it.hasNext()) { Result result = it.next();
    getRow(result);
    }
    table.close();
}
```

图 3-5　查询数据的代码

查询分为单条随机查询和批量查询，单条查询是通过RowKey在Table中查询某一行的数据。HTable提供了get方法来完成单条查询。

批量查询是通过制定一段RowKey的范围来查询。HTable提供一个getScanner方法来完成批量查询，代码如下：

```
public Result get(final Get get)
public ResultScanner getScanner(final Scan scan)
```

Get 对象包含了一个 Get 查询需要的信息。它的构造方法有两种：

```
public Get(byte [] row)
public Get(byte [] row, RowLock rowLock)
```

RowLock 是为了保证读写的原子性，可以传递一个已经存在的 RowLock，否则 HBase 会自动生成一个新的 RowLock。

Scan对象提供了默认构造函数，一般使用默认构造函数。

4. Get/Scan 的常用方法

- addFamily/addColumn：指定需要的 Family 或者 Column，如果没有调用任何 addFamily 或者 Column，则会返回所有的 Column。
- setMaxVersions：指定最大的版本个数。如果不带任何参数调用 setMaxVersions，则表示取所有的版本。如果不调用 setMaxVersions，则只会取最新的版本。
- setTimeRange：指定最大的时间戳和最小的时间戳，只有在此范围内的 Cell 才能被获取。
- setTimeStamp：指定时间戳。

- setFilter：指定 Filter 来过滤掉不需要的信息。

5. Scan 特有的方法

- setStartRow：指定开始的行。如果不调用，则从表头开始。
- setStopRow：指定结束的行（备注：不含当前行）。
- setBatch：指定最多可返回的 Cell 数目，用于防止一行中有过多的数据而导致的 OutofMemory 错误。
- ResultScanner：是 Result 的一个容器，每次调用 ResultScanner 的 next 方法会返回 Result。

6. Result 的常用方法

- getRow：返回 RowKey。
- raw：返回所有的 key-value 数组。
- getValue：按照 Column 来获取 Cell 的值。

7. 查询数据案例

查询数据案例的代码如下：

```
Scan s = new Scan();
s.setMaxVersions();
ResultScanner ss = table.getScanner(s);
for(Result r:ss){
    System.out.println(new String(r.getRow()));
    for(KeyValue kv:r.raw()){
        System.out.println(new String(kv.getColumn()));
    }
}
```

8. 查询数据：根据 RowKey 查询

根据RowKey查询，代码如下：

```
Get get = new Get(Bytes.toBytes(rowKey));
Result result = table.get(get);
//查询指定RowKey的多条记录
System.out.println("get result:"
+Bytes.toString(result.getValue(Bytes.toBytes(family),
Bytes.toBytes(qualifier))));
Result[] result = table.get(List<Get>);
```

9. 查询数据：指定条件和 RowKey 区间查询

指定条件和RowKey区间查询数据代码如下：

```
Scan scan = new Scan();
scan.setCaching();
scan.setCacheBlocks(false);
//根据startRowKey、endRowKey查询
```

```
//RowKey之外的过滤条件,在List中可以add;
List<Filter> filters = new ArrayList<Filter>();
Filter filter = new SingleColumnValueFilter("familyName".getBytes(),
  "qualifierName".getBytes(),
  CompareOp.EQUAL,
  Bytes.toBytes("value"));
filters.add(filter);
scan.setFilter(new FilterList(filters));
ResultScanner scanner = table.getScanner(scan);
System.out.println("scan result list:");
for (Result result : scanner) {
   System.out.println(Bytes.toString(result.getRow()));
   System.out.println(Bytes.toString(
     result.getValue(Bytes.toBytes("data"), Bytes.toBytes("data"))));
   System.out.println(Bytes.toString(
     result.getValue(Bytes.toBytes("data"), Bytes.toBytes("data"))));
}
scanner.close();
Scan scan = new Scan();
scan.setCaching();
scan.setCacheBlocks(false);
```

10. 表的创建

创建表是通过HBaseAdmin对象来操作的,HBaseAdmin负责表的meta信息处理。HBaseAdmin提供了createTable这个方法,代码如下:

```
public void createTable(HTableDescriptor desc)
```

HTableDescriptor代表的是表的schema,提供的方法中比较常用的有:

- setMaxFileSize: 设定最大的Region Size。
- setMemStoreFlushSize: 设定MemStore flush到HDFS上的文件大小。

```
##增加family通过 addFamily方法
public void addFamily(final HColumnDescriptor family)
```

HColumnDescriptor代表的是Column的schema,提供的方法比较常用的有:

- setTimeToLive: 设定最大的活动时间TTL,单位为ms,过期数据会被自动删除。
- setInMemory: 设定是否放在内存中,对小表有用,可用于提高效率。默认关闭。
- setBloomFilter: 设定是否使用BloomFilter,可提高随机查询效率。默认关闭。
- setCompressionType: 设定数据压缩类型。默认无压缩。
- setMaxVersions: 设定数据最大保存的版本个数。默认为3。

表创建案例:

```
HBaseAdmin hAdmin = new HBaseAdmin(hbaseConfig);
HTableDescriptor t = new HTableDescriptor(tableName);
```

```
t.addFamily(new HColumnDescriptor("f"));
t.addFamily(new HColumnDescriptor("f"));
t.addFamily(new HColumnDescriptor("f"));
t.addFamily(new HColumnDescriptor("f"));
hAdmin.createTable(t);
```

11. 修改表信息

```
//修改表信息
admin.disableTable(tableName);
admin.modifyColumn(tableName, new HColumnDescriptor("cf"));
admin.enableTable(tableName);
```

12. 删除表

删除表可以通过HBaseAdmin来操作，删除表之前首先要disable表，这是一个非常耗时的操作，所以不建议频繁删除表。

disableTable和deleteTable方法分别用来disable和delete表。

```
HBaseAdmin hAdmin = new HBaseAdmin(hbaseConfig);
if (hAdmin.tableExists(tableName)) {
    hAdmin.disableTable(tableName);
    hAdmin.deleteTable(tableName);
}
```

13. 添加记录

```
##多次使用 HTablePool
HTable table = new HTable(config, tableName);
HTablePool pool = new HTablePool(config, );
HTableInterface table = pool.getTable(tableName);
HTable table = new HTable(config, tableName);
/**
 * 在插入操作时，默认不适用任何缓存，
 * 可自定义使用缓存，
 * 每个任务最后需要手动调用flushCommits();
 */
table.setAutoFlush(false);
table.setWriteBufferSize();
Put put = new Put(Bytes.toBytes(rowKey));
if (ts == '' ) {
    put.add(Bytes.toBytes(family), Bytes.toBytes(qualifier),
Bytes.toBytes(value));
    } else {
    put.add(Bytes.toBytes(family), Bytes.toBytes(qualifier),
Bytes.toBytes(value));
    }
    table.put(put);
    table.flushCommits();
```

14. 插入数据

```
#HTable通过Put方法来插入数据
public void put(final Put puts) throws IOException
public void put(final List puts) throws IOException
#可以传递单个Put对象或者List put对象来分别实现单条插入和批量插入
#Put提供了多种构造方式:
public Put(byte [] row)
public Put(byte [] row, RowLock rowLock)
public Put(Put putToCopy)
```

15. Put 的常用方法

Put的常用方法说明如下:

- add: 增加一个 Cell。
- setTimeStamp: 指定所有 Cell 默认的 TimeStamp,如果一个 Cell 没有指定 TimeStamp,就会用到这个值;如果没有调用,则 HBase 将当前时间作为未指定 TimeStamp 的 Cell 的 TimeStamp。
- setWriteToWAL: WAL 是 Write Ahead Log 的缩写,指的是 HBase 在插入操作前是否写 Log。默认是打开的,关闭会提高性能,但如果系统出现故障,假设负责插入的 RegionServer 挂掉,数据可能会丢失。另外,HTable 也有两个方法也会影响插入的性能。
- setAutoFlash: AutoFlush 指的是在每次调用 HBase 的 Put 操作,是否提交到 HBase Server。默认是 True。如果此时是单条插入,就会有更多的 I/O,从而降低性能。

16. 插入数据案例

```
HTable table = new HTable(hbaseConfig, tableName);
table.setAutoFlush(autoFlush);
List lp = new ArrayList();
int count = ;
byte[] buffer = new byte[];
Random r = new Random();
for (int i = ; i <= count; ++i) {
    Put p = new Put(String.format("row%d",i).getBytes());
    r.nextBytes(buffer);
    p.add("f".getBytes(), null, buffer);
    p.add("f".getBytes(), null, buffer);
    p.add("f".getBytes(), null, buffer);
    p.add("f".getBytes(), null, buffer);
    p.setWriteToWAL(wal);
    lp.add(p);
    if(i%==){
        table.put(lp);
        lp.clear();
    }
}
```

17. 删除数据

HTable通过Delete方法来删除数据。

```
public void delete(final Delete delete)
```

Delete 构造方法有：

```
public Delete(byte [] row)
public Delete(byte [] row, long timestamp, RowLock rowLock)
public Delete(final Delete d)
```

Delete 常用方法有：

- deleteFamily/deleteColumns：指定要删除的 Family 或者 Column 的数据，如果不调用任何方法，将会删除整行。

3.4 案例02：HBase 中 Java API 的使用

3.4.1 案例背景

基本熟悉了HBase的安装和使用之后，在真实环境中，几乎无法直接对服务器进行操作，数据也不可能使用人工对服务器中的HBase进行查询或修改，此时就需要借助HBase提供的API使用Java语言对HBase数据进行增、删、改、查。

本案例将完成使用Java语言操作HBase数据仓库的增、删、改、查任务。

3.4.2 案例预备知识点

（1）熟悉Linux系统。
（2）熟悉Hadoop生态环境。
（3）使用Java语言操作HBase。

3.4.3 案例环境要求

（1）硬件环境：单核CPU、4GB内存、30GB硬盘。
（2）需要能够支持系统连接网络的网络环境。
（3）系统账号：hadoop；密码：hadoop。

3.4.4 任务一：配置项目运行环境

步骤01 在使用 Java 操作 HBase 前，先要保证 HBase 的正常启动，使用如下命令启动 HDFS 操作：

```
##启动HDFS
/usr/local/hadoop/sbin/start-all.sh
```

结果如图 3-6 所示。

```
hadoop@AllBigdata:~/data-integration$ /usr/local/hadoop/sbin/start-all.sh
This script is Deprecated. Instead use start-dfs.sh and start-yarn.sh
Starting namenodes on [localhost]
localhost: namenode running as process 2166. Stop it first.
localhost: datanode running as process 2304. Stop it first.
Starting secondary namenodes [0.0.0.0]
0.0.0.0: secondarynamenode running as process 2545. Stop it first.
starting yarn daemons
resourcemanager running as process 3117. Stop it first.
localhost: nodemanager running as process 3242. Stop it first.
hadoop@AllBigdata:~/data-integration$
```

图 3-6　启动 HDFS

启动 HBase 的命令如下：

```
##启动HBase
/home/hadoop/hbase/bin/start-hbase.sh
```

操作结果如图 3-7 所示。

```
hadoop@AllBigdata:~/data-integration$ /home/hadoop/hbase/bin/start-hbase.sh
localhost: zookeeper running as process 10237. Stop it first.
master running as process 10332. Stop it first.
regionserver running as process 10453. Stop it first.
hadoop@AllBigdata:~/data-integration$
```

图 3-7　启动 HBase

使用 jps 检查运行程序，结果如图 3-8 所示。

```
hadoop@AllBigdata:~/data-integration$ jps
2304 DataNode
2545 SecondaryNameNode
7842 RunJar
10453 HRegionServer
2166 NameNode
8457 RunJar
3242 NodeManager
10332 HMaster
10237 HQuorumPeer
3117 ResourceManager
10894 Main
12303 Jps
hadoop@AllBigdata:~/data-integration$
```

图 3-8　jps 执行结果

步骤 02 新建 Maven 项目，并配置 pom.xml，如图 3-9 所示。增加 HBase 客户端和服务的依赖，输入配置之后需要强制刷新一下配置，单击工程选择 Maven→Update Project，勾选 Force Update of Snapshots/Releases，单击 OK 按钮。pom.xml 代码如下：

```
<project xmlns="http://maven.apache.org/POM/4.0.0"
xmlns:xsi="http://www.w3.org/2001/XMLSchema-instance"
xsi:schemaLocation="http://maven.apache.org/POM/4.0.0
http://maven.apache.org/maven-v4_0_0.xsd">
    <modelVersion>4.0.0</modelVersion>
    <groupId>com.hadoop-localhost</groupId>
```

```xml
    <artifactId>hadoop-hbase</artifactId>
    <version>1.0-SNAPSHOT</version>
    <packaging>jar</packaging>
    <name>hadoop-hbase</name>
    <properties>
<project.build.sourceEncoding>UTF-8</project.build.sourceEncoding>
        <hadoop.version>2.5.0</hadoop.version>
        <hive.version>0.13.1</hive.version>
        <hbase.version>0.98.6-hadoop2</hbase.version>
    </properties>
    <dependencies>
        <!-- hadoop client -->
        <dependency>
            <groupId>org.apache.hadoop</groupId>
            <artifactId>hadoop-client</artifactId>
            <version>${hadoop.version}</version>
        </dependency>
        <dependency>
            <groupId>junit</groupId>
            <artifactId>junit</artifactId>
            <version>4.10</version>
        </dependency>
        <!-- hive client -->
        <dependency>
            <groupId>org.apache.hive</groupId>
            <artifactId>hive-jdbc</artifactId>
            <version>${hive.version}</version>
        </dependency>
        <dependency>
            <groupId>org.apache.hive</groupId>
            <artifactId>hive-exec</artifactId>
            <version>${hive.version}</version>
        </dependency>
        <!-- hbase client -->
        <dependency>
            <groupId>org.apache.hbase</groupId>
            <artifactId>hbase-server</artifactId>
            <version>${hbase.version}</version>
        </dependency>
        <dependency>
            <groupId>org.apache.hbase</groupId>
            <artifactId>hbase-client</artifactId>
            <version>${hbase.version}</version>
        </dependency>
    </dependencies>
</project>
```

图 3-9　配置 pom.xml 文件

步骤 03　在 Maven 项目中新建一个 HBase 包，如图 3-10 所示。

图 3-10　新建 HBase 包

步骤 04　打开终端，将 core-site.xml、hbase-site.xml、hdfs-site.xml 复制到项目的 resource 文件夹目录下，并修改对应的 IP 地址，如图 3-11 所示。

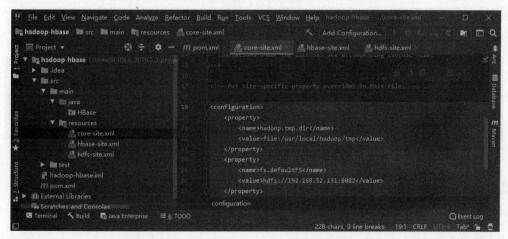

图 3-11　复制 XML 文件

3.4.5 任务二：数据添加

步骤 01 编写 put 静态类添加数据，代码如下：

```
public static void putData() throws IOException {
    String tablename = "user";
    HTable table = getTableName(tablename);
    Put put = new Put(Bytes.toBytes(""));
    put.add(Bytes.toBytes("info"), Bytes.toBytes("name"),
            Bytes.toBytes("zhaoyun"));
    put.add(Bytes.toBytes("info"), Bytes.toBytes("age"),
            Bytes.toBytes(""));
    put.add(Bytes.toBytes("info"), Bytes.toBytes("address"),
            Bytes.toBytes("fuzhou"));
    table.put(put);
    table.close();
}
```

结果如图 3-12 所示。

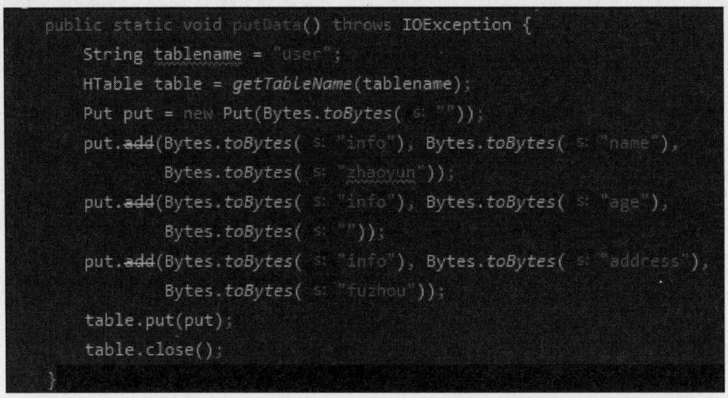
public static void putData() throws IOException {
String tablename = "user";
HTable table = getTableName(tablename);
Put put = new Put(Bytes.toBytes(s: ""));
put.add(Bytes.toBytes(s: "info"), Bytes.toBytes(s: "name"),
Bytes.toBytes(s: "zhaoyun"));
put.add(Bytes.toBytes(s: "info"), Bytes.toBytes(s: "age"),
Bytes.toBytes(s: ""));
put.add(Bytes.toBytes(s: "info"), Bytes.toBytes(s: "address"),
Bytes.toBytes(s: "fuzhou"));
table.put(put);
table.close();
}

图 3-12　编写 Put 静态类添加数据

步骤 02 运行类后在 HBase 中查看 user 表数据，可以发现增加三列，执行结果如图 3-13 所示。

```
hbase(main)::> scan 'user'
```

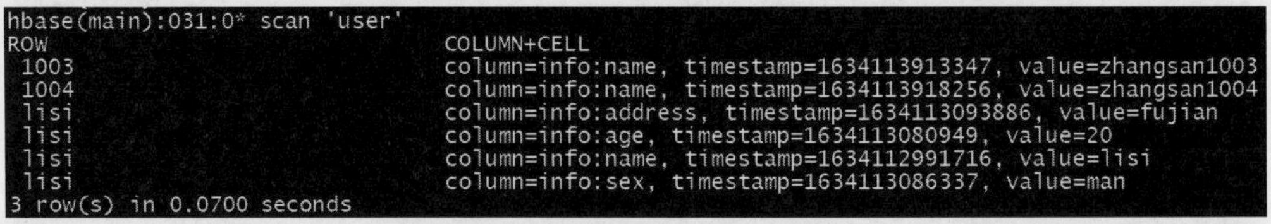
hbase(main):031:0* scan 'user'
ROW COLUMN+CELL
1003 column=info:name, timestamp=1634113913347, value=zhangsan1003
1004 column=info:name, timestamp=1634113918256, value=zhangsan1004
lisi column=info:address, timestamp=1634113093886, value=fujian
lisi column=info:age, timestamp=1634113080949, value=20
lisi column=info:name, timestamp=1634112991716, value=lisi
lisi column=info:sex, timestamp=1634113086337, value=man
3 row(s) in 0.0700 seconds

图 3-13　查看 user 表内容

步骤 03 打开 HDFS 网页（http://localhost:50070/），如图 3-14 所示。

步骤 04 手动刷新以后，代码如下：

```
hbase(main)::> flush 'user'
```

结果如图 3-15 所示。

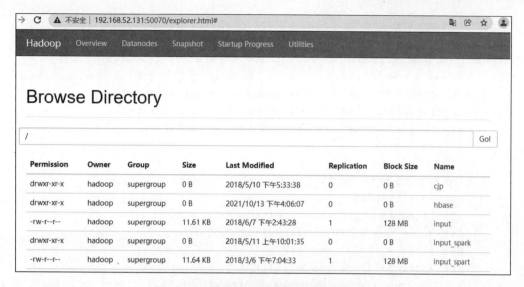

图 3-14　HDFS 的文件

图 3-15　刷新表操作

步骤 05　观察 HDFS 系统，生成一个新的 StoreFile 文件，如图 3-16 所示。

图 3-16　刷新后 HDFS 中 HBase 文件

3.4.6　任务三：数据获取

步骤 01　在新建的 HBase 类中添加一个静态方法，代码如下：

```
package HBase ;
import java.io.IOException;
import org.apache.hadoop.conf.Configuration;
import org.apache.hadoop.hbase.Cell;
import org.apache.hadoop.hbase.CellUtil;
import org.apache.hadoop.hbase.HBaseConfiguration;
import org.apache.hadoop.hbase.client.Delete;
import org.apache.hadoop.hbase.client.Get;
import org.apache.hadoop.hbase.client.HTable;
import org.apache.hadoop.hbase.client.Put;
import org.apache.hadoop.hbase.client.Result;
import org.apache.hadoop.hbase.client.ResultScanner;
```

```java
import org.apache.hadoop.hbase.client.Scan;
import org.apache.hadoop.hbase.util.Bytes;
import org.apache.hadoop.hive.ql.parse.HiveParser.resource_return;
public class HBase {
    public static HTable getTableName(String tablename) throws IOException {
        Configuration config = HBaseConfiguration.create();
        HTable table = new HTable(config, tablename);
        return table;
    }
    public static void getData() throws IOException {
        String tablename = "user";
        HTable table = getTableName(tablename);
        Get get = new Get(Bytes.toBytes(""));
        Result rs = table.get(get);
        for (Cell cell: rs.rawCells()) {
            System.out.println(Bytes.toString(CellUtil.cloneFamily(cell)) + ":" +
                    Bytes.toString(CellUtil.cloneQualifier(cell)) + "->" +
                    Bytes.toString(CellUtil.cloneValue(cell)));
        }
        table.close();
    }
    public static void putData() throws IOException {
        String tablename = "user";
        HTable table = getTableName(tablename);
        Put put = new Put(Bytes.toBytes(""));
        put.add(Bytes.toBytes("info"), Bytes.toBytes("name"),
                Bytes.toBytes("zhaoyun"));
        put.add(Bytes.toBytes("info"), Bytes.toBytes("age"),
                Bytes.toBytes(""));
        put.add(Bytes.toBytes("info"), Bytes.toBytes("address"),
                Bytes.toBytes("fuzhou"));
        table.put(put);
        table.close();
    }
    public static void delData() throws IOException {
        String tablename = "user";
        HTable table = getTableName(tablename);
        Delete delete = new Delete(Bytes.toBytes(""));
        // delete.deleteColumn(Bytes.toBytes("info"), Bytes.toBytes("name"));
        delete.deleteFamily(Bytes.toBytes("info"));
        table.delete(delete);
        table.close();
    }
    public static void scan() throws IOException {
        String tablename = "user";
        HTable table = getTableName(tablename);
```

```
            Scan scan = new Scan(Bytes.toBytes(""), Bytes.toBytes(""));
            ResultScanner res = table.getScanner(scan);
            for (Result rs: res) {
                System.out.println(Bytes.toString(rs.getRow()));
                for (Cell cell: rs.rawCells()) {
                    System.out.println(Bytes.toString(CellUtil.cloneFamily(cell))+
                        ":" + Bytes.toString(CellUtil.cloneQualifier(cell)) +
                        "->" + Bytes.toString(CellUtil.cloneValue(cell)));
                }
            }
            table.close();
        }
        public static void main(String[] args) throws IOException {
            // putData();
            // delData();
            // getData();
            scan();
        }
    }
```

结果如图 3-17 所示。

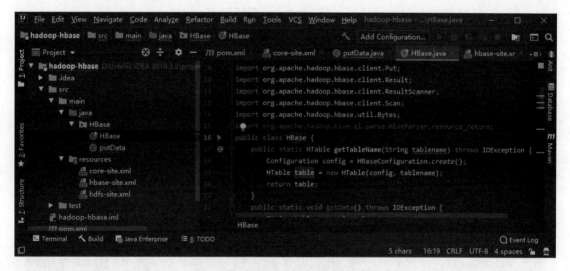

图 3-17 在 HBase 类中添加静态方法

步骤 02 运行该类结果，如果提示异常，则修改 hbase-env.sh 中的 HBASE_MANAGES_ZK=true，然后关闭 HBase 并重新启动。代码运行结果如图 3-18 所示。

```
17/12/01 10:44:34 INFO client.HConnectionManager$HConnectionImplementation: Closing zook
info:age->20
info:name->wangwu
info:sex->man
info:tel->3015123
```

图 3-18 异常信息

步骤 03 指定列进行查询，代码如下：

```
/home/hadoop/hbase/bin/hbase shell
hbase(main)::> get 'user','lisi','info:name'
```

结果如图 3-19 所示。

```
hbase(main):035:0* get 'user','lisi','info:name'
COLUMN                    CELL
 info:name                timestamp=1641295102216, value=lisi
1 row(s) in 0.1660 seconds
```

图 3-19　指定列查询

步骤 04　查询结果如图 3-20 所示。

```
info:age->20
info:name->wangwu
17/12/01 10:51:58 INFO zookeeper.ClientCnxn: EventThread shut down
17/12/01 10:51:58 INFO zookeeper.ZooKeeper: Session: 0x1600fd25e580016 closed
```

图 3-20　查询结果

3.4.7　任务四：数据删除

步骤 01　编写静态删除类，删除 1004 行列族 info 下的 name 列的值，具体代码如下：

```java
public static void delData() throws IOException {
    String tablename = "user";
    HTable table = getTableName(tablename);
    Delete delete = new Delete(Bytes.toBytes(""));
    delete.deleteColumn(Bytes.toBytes("info"), Bytes.toBytes("name"));
    //delete.deleteFamily(Bytes.toBytes("info"));
    table.delete(delete);
    table.close();
}
```

步骤 02　运行类后，对比删除前后数据，代码如下：

```
hbase(main)::> scan 'user'
```

操作结果如图 3-21 所示。

```
hbase(main):001:0> scan 'user'
ROW                       COLUMN+CELL
 1003                     column=info:age, timestamp=1641351544780, value=20
 lisi                     column=info:address, timestamp=1641295126805, value=fujian
 lisi                     column=info:age, timestamp=1641295108489, value=20
 lisi                     column=info:name, timestamp=1641295102216, value=lisi
 lisi                     column=info:sex, timestamp=1641295119500, value=man
2 row(s) in 0.3300 seconds
```

图 3-21　删除数据后 user 表的内容

步骤 03　运行类，删除 1004 行 info 列族下的所有数据，具体代码如下：

```java
public static void delData() throws IOException {
    String tablename = "user";
    HTable table = getTableName(tablename);
```

第 3 章　HBase 的接口

```
    Delete delete = new Delete(Bytes.toBytes(""));
    //delete.deleteColumn(Bytes.toBytes("info"), Bytes.toBytes("name"));
    delete.deleteFamily(Bytes.toBytes("info"));
    table.delete(delete);
    table.close();
}
```

步骤 04 删除前后对比，代码如下：

```
hbase(main)::> scan 'user'
```

操作结果如图 3-22 所示。

```
hbase(main):016:0> scan 'user'
ROW                   COLUMN+CELL
 1002                 column=info:age, timestamp=1499754522229, value=20
 1002                 column=info:name, timestamp=1499754509213, value=wangwu
 1002                 column=info:sex, timestamp=1499754537520, value=man
 1002                 column=info:tel, timestamp=1499754564877, value=3015123
 1003                 column=info:name, timestamp=1499754662337, value=zhaoliu
 1004                 column=info:address, timestamp=1499841407492, value=xiamen
 1004                 column=info:age, timestamp=1499841407492, value=\x00\x00\x00\x14
3 row(s) in 0.0310 seconds
hbase(main):017:0> scan 'user'
ROW                   COLUMN+CELL
 1002                 column=info:age, timestamp=1499754522229, value=20
 1002                 column=info:name, timestamp=1499754509213, value=wangwu
 1002                 column=info:sex, timestamp=1499754537520, value=man
 1002                 column=info:tel, timestamp=1499754564877, value=3015123
 1003                 column=info:name, timestamp=1499754662337, value=zhaoliu
2 row(s) in 0.0230 seconds
```

图 3-22　删除一行数据后 user 表的内容

步骤 05 以上操作并不会直接删除，只有在 compact 文件合并时，才会真正删除。下面看一下 compact 的用法，使用 compact 命令操作结果如图 3-23 所示。

```
hbase(main):003:0> compact

ERROR: wrong number of arguments (0 for 1)

Here is some help for this command:
        Compact all regions in passed table or pass a region row
        to compact an individual region. You can also compact a single column
        family within a region.
        Examples:
        Compact all regions in a table:
        hbase> compact 'ns1:t1'
        hbase> compact 't1'
        Compact an entire region:
        hbase> compact 'r1'
        Compact only a column family within a region:
        hbase> compact 'r1', 'c1'
        Compact a column family within a table:
        hbase> compact 't1', 'c1'
```

图 3-23　使用 compact 命令

步骤 06 合并 user 表，操作代码如下：

```
hbase(main)::> compact 'user'
```

步骤 07 执行后可以看到数据已经合并，此时数据会被真正删除。如果没有刷新，则执行下面脚本：

```
hbase(main)::> flush 'user'
```

结果如图 3-24 所示。

```
hbase(main):001:0>
hbase(main):002:0* flush 'user'
```

图 3-24　查看 HDFS 中 HBase 文件

3.4.8 任务五：查询数据

步骤 01 编写 Scan 方法以查看 user 表数据，具体代码如下：

```java
public static void scan() throws IOException {
    String tablename = "user";
    HTable table = getTableName(tablename);
    Scan scan = new Scan(Bytes.toBytes(""), Bytes.toBytes(""));
    ResultScanner res = table.getScanner(scan);
    for (Result rs: res) {
        System.out.println(Bytes.toString(rs.getRow()));
        for (Cell cell: rs.rawCells()) {
            System.out.println(Bytes.toString(CellUtil.cloneFamily(cell)) +
                ":" + Bytes.toString(CellUtil.cloneQualifier(cell)) +
                "->" + Bytes.toString(CellUtil.cloneValue(cell)));
        }
    }
    table.close();
}
```

运行结果如图 3-25 所示。

```
17/12/01 11:11:14 INFO client.HConnectionManager$HConnectionImplementation: Closing zook
1002
info:age->20
info:name->wangwu
info:sex->man
info:tel->3015123
17/12/01 11:11:14 INFO zookeeper.ClientCnxn: EventThread shut down
17/12/01 11:11:14 INFO zookeeper.ZooKeeper: Session: 0x1600fd25e580026 closed
1003
info:name->zhangsan
```

图 3-25　查看 user 表数据

步骤 02 设置查询的行键为 1001 到 1003 之间的数据，代码如下：

```java
public static void scan() throws IOException {
    String tablename = "user";
    HTable table = getTableName(tablename);
    Scan scan = new Scan(Bytes.toBytes(""), Bytes.toBytes(""));
    scan.setStartRow(Bytes.toBytes("1001"));
    scan.setStartRow(Bytes.toBytes("1003"));
    ResultScanner res = table.getScanner(scan);
    for (Result rs: res) {
        System.out.println(Bytes.toString(rs.getRow()));
        for (Cell cell: rs.rawCells()) {
            System.out.println(Bytes.toString(CellUtil.cloneFamily(cell)) +
                ":" + Bytes.toString(CellUtil.cloneQualifier(cell)) +
                "->" + Bytes.toString(CellUtil.cloneValue(cell)));
        }
```

```
        }
        table.close();
}
```

查询结果如图 3-26 所示。

```
17/12/01 11:27:03 INFO zookeeper.ClientCnxn: Socket connection established to hadoop-loc
17/12/01 11:27:03 INFO zookeeper.ClientCnxn: Session establishment complete on server ha
17/12/01 11:27:04 INFO client.HConnectionManager$HConnectionImplementation: Closing zook
1002
info:age->20
info:name->wangwu
info:sex->man
info:tel->3015123
17/12/01 11:27:04 INFO zookeeper.ClientCnxn: EventThread shut down
17/12/01 11:27:04 INFO zookeeper.ZooKeeper: Session: 0x1600fd25e580027 closed
```

图 3-26　查询结果

步骤 03　在实例化对象的时候指定行键区间，具体如图 3-27 所示。

```java
private static void scan() throws IOException{
    String tablename = "user";
    HTable table = getTableName(tablename);
    ResultScanner res = null;
    try {
        //Scan scan = new Scan();
        Scan scan = new Scan(Bytes.toBytes("1001"),Bytes.toBytes("1003"));
        //scan.setStartRow(Bytes.toBytes("1001"));
        //scan.setStopRow(Bytes.toBytes("1003"));

        res = table.getScanner(scan);
```

图 3-27　实例化时指定行键区间

步骤 04　可以指定列族名或者列族名加列名进行数据扫描，代码如图 3-28 所示。

```java
Scan scan=new Scan();
//Scan scan2=new Scan(startRow, stopRow);
scan.setStartRow(Bytes.toBytes("1001"));
scan.setStopRow(Bytes.toBytes("1003"));
scan.addFamily(family);
scan.addColumn(family, qualifier);
```

图 3-28　查询指定列族

步骤 05　另外还有一些用于优化查询的方法，代码如下：

```java
//scan.addFamily(family);
//scan.addColumn(family,qualifier);
//PrefixFilter;                              //前缀过滤
//scan.setFilter(filter);                    //过滤器
//scan.setCacheBlocks(cacheBlocks);          //设置缓存
//scan.setCaching(caching) ;
```

3.5 习　　题

（1）使用HBase API查询hbase_rate表，按照startRowKey=1进行扫描以查询结果。

（2）使用HBase API查询hbase_rate表，按照endRowKey=100进行扫描以查询结果。

（3）使用HBase API查询hbase_comments表，只查询comments列的值。

（4）使用 HBase API查询hbase_user表，查询包含5的列值。

（5）使用HBase API查询hbase_video表，只查询age列，并且大于700的值（提示：使用列过滤器和列值过滤器）。

第 4 章

MapReduce 与 HBase

本章学习目标:

※ 了解 MapReduce 的原理和特点
※ 了解使用 MapReduce 操作 HBase 的方法
※ 动手实操 HBase 和 MapReduce 的集成

4.1 MapReduce 介绍

4.1.1 什么是 MapReduce

摩尔定律由 Jeffery Dean 提出,其说明 CPU 性能大约每隔 18 个月翻一番。但是,从 2005 年开始摩尔定律逐渐失效,需要处理的数据量快速增加,人们开始借助于分布式并行编程来提高程序性能。

分布式程序运行在大规模计算机集群上,可以并行执行大规模数据处理任务,从而获得海量的计算能力。

谷歌公司最先提出了分布式并行编程模型 MapReduce,Hadoop MapReduce 是它的开源实现,后者比前者使用门槛低很多。

在 MapReduce 出现之前,已经有类似于 MPI 这样非常成熟的并行计算框架,那么为什么 Google 还需要 MapReduce 呢?MapReduce 相较于传统的并行计算框架的优势如表 4-1 所示。

表 4-1 传统并行计算框架和 MapReduce 区别

比较内容	传统并行计算框架	MapReduce
集群框架/容错性	共享式(内存)	非共享式,容错性好
硬件/价格/扩展性	刀片服务器、高速网、SAN,价格贵,扩展性难	普通 PC 机,便宜,扩展性能好
编程/学习难度	难	简单
适用场景	实时、细粒度计算、计算密集型	批处理、非实时、数据密集型

MapReduce 将复杂的且运行于大规模集群上的并行计算过程高度地抽象到两个函数中，分别是 Map 和 Reduce，它们的区别如图 4-1 所示。

函数	输入	输出	说明
Map	$<k_1,v_1>$ 如： <行号,"a b c">	List($<k_2,v_2>$) 如： <"a",1> <"b",1> <"c",1>	1.将小数据集进一步解析成一批<key,value>对，输入Map函数中进行处理 2.每一个输入的$<k_1,v_1>$会输出一批$<k_2,v_2>$。$<k_2,v_2>$是计算的中间结果
Reduce	$<k_2,\text{List}(v_2)>$ 如： <"a",<1,1,1>>	$<k_3,v_3>$ <"a",3>	输入的中间结果$<k_2,\text{List}(v_2)>$中的List(v_2)表示是一批属于同一个k_2的value

图 4-1 Map 和 Reduce 函数的区别

这样使得编程变得非常容易，不需要掌握分布式并行编程细节，也可以很容易把自己的程序运行在分布式系统上，以完成海量数据的计算。

MapReduce采用"分而治之"策略，一个存储在分布式文件系统中的大规模数据集，会被切分成许多独立的分片，这些分片可以被多个Map任务并行处理。

MapReduce设计的一个理念就是"计算向数据靠拢"，而不是"数据向计算靠拢"，因为移动数据需要大量的网络传输开销。MapReduce框架采用了Master/Slave架构，包括一个Master和若干个Slave，Master上运行JobTracker，Slave上运行TaskTracker。

Hadoop框架是用Java来实现的，但是MapReduce应用程序不一定要用Java来写。MapReduce设计上具有以下主要的技术特征：

（1）向"外"横向扩展，而非向"上"纵向扩展。
（2）失效被认为是常态。
（3）把处理向数据迁移。
（4）顺序处理数据、避免随机访问数据。
（5）为应用开发者隐藏系统层细节。
（6）平滑无缝的可扩展性。

4.1.2 MapReduce 的原理

MapReduce工作流程说明如下，架构图如图4-2所示。

（1）不同的Map任务之间不会进行通信。
（2）不同的Reduce任务之间也不会发生任何信息交换。
（3）用户不能显式地从一台机器向另一台机器发送消息。
（4）所有的数据交换都是通过MapReduce框架自身来实现的。

MapReduce执行阶段是Hadoop为每个Split创建一个Map任务，Split的多少决定了Map任务的数目。大多数情况下，理想的分片大小是一个HDFS块，如图4-3所示。

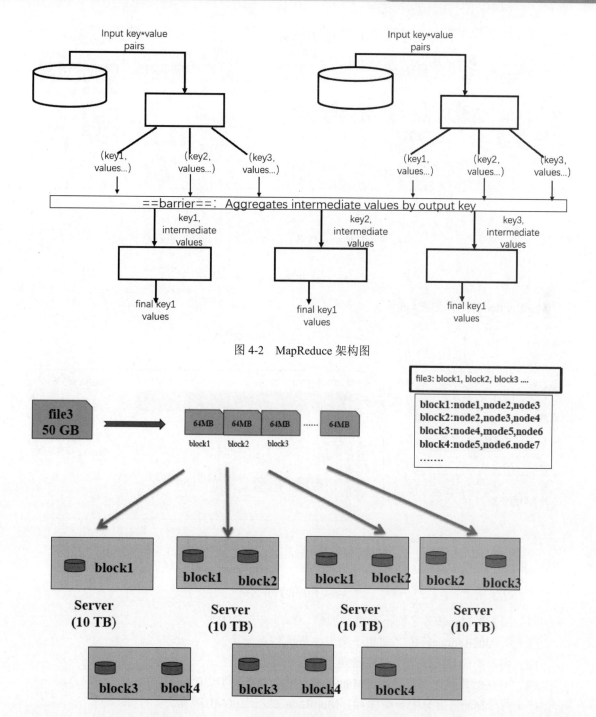

图 4-2　MapReduce 架构图

图 4-3　HDFS 块

Reduce任务数量默认情况下是一个，通常情况下，由开发者来设定需要运行的Reduce任务个数，一个ReduceTask对应着一个分区的数据，如果分区数和ReduceTask任务数不对应，比如分区1个、ReduceTask 1个，则这个情况下会报错。Map和Reduce任务如图4-4所示。

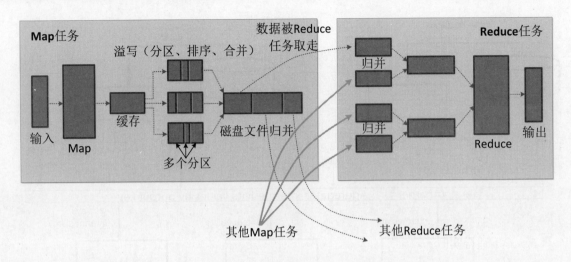

图 4-4　Map 和 Reduce 任务

MapReduce的流程如图4-5所示。

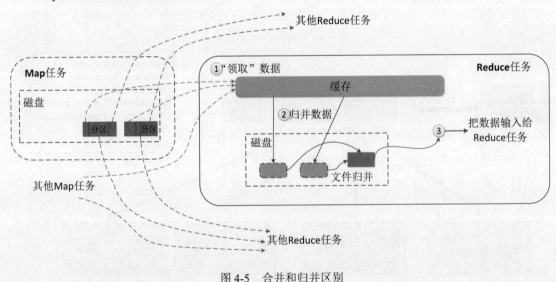

图 4-5　合并和归并区别

（1）不同的Map任务之间不会进行通信。
（2）不同的Reduce任务之间也不会发生任何信息交换。
（3）用户不能显式地从一台机器向另一台机器发送消息。
（4）所有的数据交换都是通过MapReduce框架自身来实现的。
（5）每个Map任务分配一个缓存，MapReduce默认100MB缓存。
（6）设置溢写比例0.8，分区默认采用哈希函数。

MapReduce的Reducer的描述如下：

（1）Map所有任务完成后会启动reduceTask，Reduce任务通过RPC向Map拉取数据。
（2）Reduce领取数据先放入缓存，来自不同Map机器对文件进行合并和排序写入磁盘。
（3）当数据很少时，不需要写到磁盘，直接在缓存中合并，然后输出给Reduce。

MapReduce 的整体流程如下描述：

（1）INPUT阶段：根据输入文件和Map数目系统产生相应的文件块。
（2）MAP阶段：每个Map根据用户定义把输入的key-value对转化成新的对。
（3）SHUFFLE阶段：系统对Map输出的内容进行排序或分区。
（4）REDUCE阶段：把所有相同key的记录合并成一个key-value对。
（5）OUTPUT阶段：把输出结果写到HDFS上。

4.1.3 MapReduce 的特点

（1）适合数据复杂度运算。
（2）不适合算法复杂度的运算。
（3）不适合实时计算，不适合流式计算，不适合DAG有向图计算。

4.1.4 MapReduce 应用场景

MapReduce适用的场景：

（1）简单的数据统计，比如网站pv、uv统计。
（2）搜索引擎建索引、海量数据查找。
（3）复杂数据分析算法实现：比如聚类算法、分类算法、推荐算法、图算法。

MapReduce 不适合的场景：

（1）实时计算：像MySQL一样，在毫秒级或者秒级内返回结果。
（2）流式计算：MapReduce的输入数据集是静态的，不能动态变化。MapReduce自身的设计特点决定了数据源必须是静态的。
（3）DAG计算：多个应用程序存在依赖关系，后一个应用程序的输入为前一个的输出。

4.2 MapReduce 和 HBase 的关系

4.2.1 MapReduce 在 HBase 中的作用

HBase中Table和Region的关系，有些类似HDFS中File和Block的关系。由于HBase提供了配套的与MapReduce进行交互的API，如TableInputFormat和TableOutputFormat，可以将HBase的数据表直接作为Hadoop的MapReduce输入和输出，从而方便了MapReduce应用程序的开发，编程人员基本不需要关注HBase系统自身的处理细节。

4.2.2 HBase 和 MapReduce 的联系和区别

HBase是Hadoop数据库。它是一个适合于非结构化数据存储的数据库，HBase基于列的模式而不基于行的模式。

HBase是Google BigTable的开源实现，类似Google BigTable利用GFS作为其文件存储系统，

HBase利用Hadoop的HDFS作为其文件存储系统。Google运行MapReduce来处理BigTable中的海量数据，HBase同样利用Hadoop的MapReduce来处理HBase中的海量数据。

Hadoop的HDFS为HBase提供了高可靠性的底层存储支持，Hadoop的MapReduce为HBase提供了高性能的计算能力，ZooKeeper为HBase提供了稳定服务和容错机制。Pig和Hive还为HBase提供了高层语言支持，使得在HBase上进行数据统计处理变得非常简单。Sqoop则为HBase提供了方便的关系型数据库的数据导入功能，使得传统数据库数据向HBase中迁移变得非常方便。

4.3 案例03：MapReduce 与 HBase 实操

4.3.1 案例目标

（1）对HBase的架构深入剖析。
（2）了解HBase的版本及数据存储模型。
（3）了解使用MapReduce操作HBase。

4.3.2 案例预备知识点

（1）熟悉Linux系统。
（2）熟悉Hadoop生态环境以及MapReduce原理和应用。

4.3.3 案例环境要求

（1）硬件环境：双核CPU、4GB内存、50GB硬盘。
（2）需要能够支持系统连接网络的网络环境。
（3）系统账号：hadoop；密码：hadoop。

4.3.4 任务一：HBase 架构深入剖析

Client客户端作用说明如下：

- 整个 HBase 集群的访问入口。
- 使用 HBase 的 RPC 机制与 HMaster 和 HRegionServer 进行通信。
- 与 HMaste 通信以进行管理类操作。
- 与 HRegionServer 进行数据读写类操作。
- 包含访问 HBase 的接口，并维护 cache 来加快对 HBase 的访问。

ZooKeeper 作用如下：

- 保证任何时候，集群中只有一个 HMaster。
- 实时监控 HRegionServer 的上线和下线信息，并实时通知给 HMaster。
- 存储 HBase 的 Table 元数据。
- ZooKeeper 的 Quorum 存储 meta 表地址和 HMaster 地址。

主节点 HMaster 作用说明如下：

- 管理用户对 Table 的增、删、改、查操作。
- 管理 HRegionServer 的负载均衡，调整 Region 分布。
- Region 的 Split 后，负责新 Region 的分布。
- 在 HRegionServer 停机后，负责失效 HRegionServer 上 Region 迁移工作。

步骤 01 查看备份脚本，代码如下：

```
more /home/hadoop/hbase/bin/master-backup.sh
/home/hadoop/hbase/bin/hbase mapredcp
```

执行结果如图 4-6 所示。

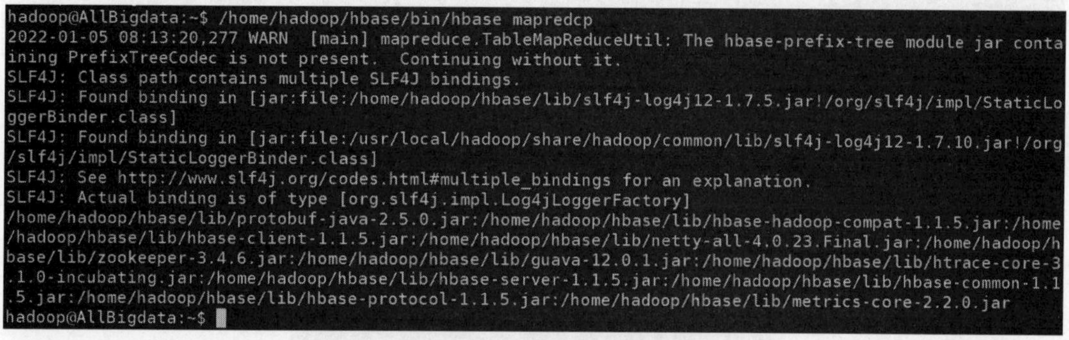

图 4-6 查看备份脚本

步骤 02 HBase 中自带的一些例子都在 lib 目录下，执行结果如图 4-7 所示。

```
cd /home/hadoop/hbase/lib/
ls
```

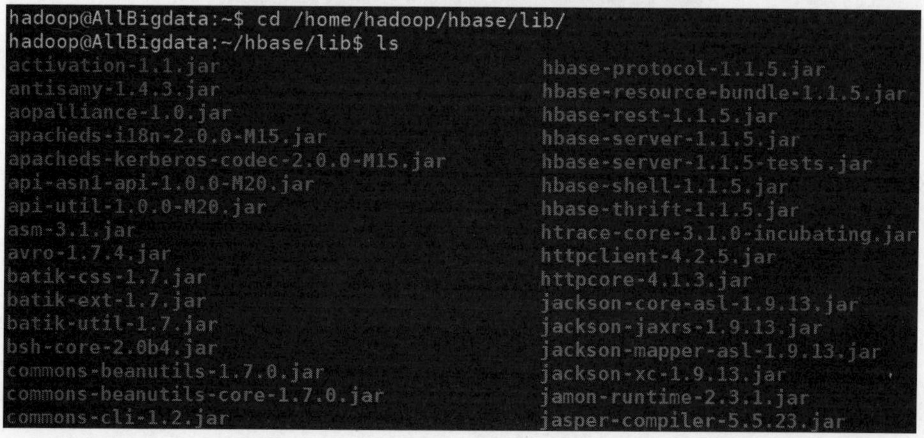

图 4-7 HBase 中的 lib 目录

步骤 03 切换到第二台主机（IP 地址为 198.168.52.132），在/home/hadoop/hbase/conf 目录下新建 1 个 backup-masters 文件，文件中添加第一台主机 IP 地址，执行结果如图 4-8 所示。

```
##写配置文件
vi /home/hadoop/hbase/conf/backup-masters
```

```
hadoop@AllBigdata:~/hbase/lib$ cat /home/hadoop/hbase/conf/backup-masters
192.168.52.131
hadoop@AllBigdata:~/hbase/lib$
```

图 4-8　添加第一台主机

步骤 04　配置好后，第二台主机执行命令，即可启动备用 Master，执行结果如图 4-9 所示。

```
##执行备份命令
/home/hadoop/hbase/bin/hbase-daemons.sh start master-backup
```

```
hadoop@AllBigdata:~/hbase/lib$ /home/hadoop/hbase/bin/hbase-daemons.sh start mast
192.168.52.131: starting master, logging to /home/hadoop/hbase/logs/hbase-hadoop-
192.168.52.131: OpenJDK 64-Bit Server VM warning: ignoring option PermSize=128m;
.0
192.168.52.131: OpenJDK 64-Bit Server VM warning: ignoring option MaxPermSize=128
n 8.0
hadoop@AllBigdata:~/hbase/lib$
```

图 4-9　启动备用 master

步骤 05　切换到第一台主机（IP 地址为 192.168.52.131），并查看进程，执行结果如图 4-10 所示。

```
##查看进程
jps
```

```
hadoop@AllBigdata:~/hbase/lib$ jps
18480 NameNode
7842 RunJar
18819 SecondaryNameNode
23380 HMaster
20900 HQuorumPeer
8457 RunJar
19098 NodeManager
18603 DataNode
23596 Jps
18973 ResourceManager
10894 Main
hadoop@AllBigdata:~/hbase/lib$
```

图 4-10　查看进程

HRegionServer 作用说明如下：

- 维护 HRegion，处理对这些 HRegion 的 I/O 请求，向 HDFS 文件系统中读写数据。
- 负责切分在运行过程中变得过大的 HRegion。
- Client 访问 HBase 上数据的过程并不需要 Master 参与，寻址访问 ZooKeeper 和 HRgionServer，数据读写访问 HRegionServer，HMaster 仅仅维护着 Table 和 Region 的元数据信息，负载很低。

HBase 与 ZooKeeper 作用说明如下：

- HBase 依赖 ZooKeeper。
- 默认情况下，HBase 管理 ZooKeeper 实例，比如启动或者停止 ZooKeeper。
- HMaster 与 HRegionServers 启动是会向 ZooKeeper 注册的。
- ZooKeeper 的引入使得 HMaster 不再是简单故障。

HMaster 和 HRegion 的架构图如图 4-11 所示。

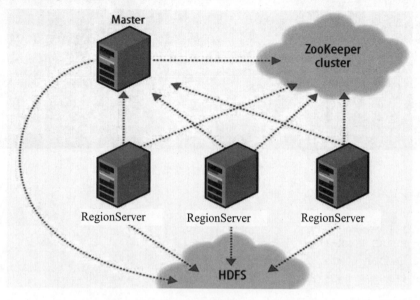

图 4-11 HMaster 和 HRegion 的架构图

4.3.5 任务二：HBase 集成 MapReduce

步骤 01 查看集成 MapReduce 需要的 jar 包，代码如下：

```
/home/hadoop/hbase/bin/hbase
```

执行结果如图 4-12 所示。

```
hadoop@AllBigdata:~/hbase/lib$ /home/hadoop/hbase/bin/hbase
Usage: hbase [<options>] <command> [<args>]
Options:
  --config DIR     Configuration direction to use. Default: ./conf
  --hosts HOSTS    Override the list in 'regionservers' file
  --auth-as-server Authenticate to ZooKeeper using servers configuration

Commands:
Some commands take arguments. Pass no args or -h for usage.
  shell            Run the HBase shell
  hbck             Run the hbase 'fsck' tool
  snapshot         Create a new snapshot of a table
  snapshotinfo     Tool for dumping snapshot information
  wal              Write-ahead-log analyzer
  hfile            Store file analyzer
  zkcli            Run the ZooKeeper shell
  upgrade          Upgrade hbase
  master           Run an HBase HMaster node
  regionserver     Run an HBase HRegionServer node
  zookeeper        Run a Zookeeper server
```

图 4-12 查看 MapReduce 的 jar 包

需要用到如下 jar 包：

```
/home/hadoop/hbase/bin/hbase mapredcp
```

执行结果如图 4-13 所示。

```
hadoop@AllBigdata:~/hbase/lib$ /home/hadoop/hbase/bin/hbase mapredcp
2022-01-05 08:23:59,053 WARN  [main] mapreduce.TableMapReduceUtil: The hbase-prefix-tree module jar conta
ining PrefixTreeCodec is not present.  Continuing without it.
SLF4J: Class path contains multiple SLF4J bindings.
SLF4J: Found binding in [jar:file:/home/hadoop/hbase/lib/slf4j-log4j12-1.7.5.jar!/org/slf4j/impl/StaticLo
ggerBinder.class]
SLF4J: Found binding in [jar:file:/usr/local/hadoop/share/hadoop/common/lib/slf4j-log4j12-1.7.10.jar!/org
/slf4j/impl/StaticLoggerBinder.class]
SLF4J: See http://www.slf4j.org/codes.html#multiple_bindings for an explanation.
SLF4J: Actual binding is of type [org.slf4j.impl.Log4jLoggerFactory]
/home/hadoop/hbase/lib/protobuf-java-2.5.0.jar:/home/hadoop/hbase/lib/hbase-hadoop-compat-1.1.5.jar:/home
/hadoop/hbase/lib/hbase-client-1.1.5.jar:/home/hadoop/hbase/lib/netty-all-4.0.23.Final.jar:/home/hadoop/h
base/lib/zookeeper-3.4.6.jar:/home/hadoop/hbase/lib/guava-12.0.1.jar:/home/hadoop/hbase/lib/htrace-core-3
.1.0-incubating.jar:/home/hadoop/hbase/lib/hbase-server-1.1.5.jar:/home/hadoop/hbase/lib/hbase-common-1.1
.5.jar:/home/hadoop/hbase/lib/hbase-protocol-1.1.5.jar:/home/hadoop/hbase/lib/metrics-core-2.2.0.jar
hadoop@AllBigdata:~/hbase/lib$
```

图 4-13 执行结果

步骤 02 设置 3 个环境变量，代码如下：

```
cd /home/hadoop/hbase/
export HBASE_HOME=/home/hadoop/hbase
export HADOOP_HOME=/usr/local/hadoop
HADOOP_CLASSPATH='${HBASE_HOME}/bin/hbase mapredcp'
```

执行结果如图 4-14 所示。

```
hadoop@AllBigdata:~/hbase$ cd /home/hadoop/hbase/
hadoop@AllBigdata:~/hbase$ export HBASE_HOME=/home/hadoop/hbase
hadoop@AllBigdata:~/hbase$ export HADOOP_HOME=/usr/local/hadoop
hadoop@AllBigdata:~/hbase$ HADOOP_CLASSPATH='${HBASE_HOME}/bin/hbase mapredcp'
hadoop@AllBigdata:~/hbase$
```

图 4-14 设置环境变量

步骤 03 MapReduce 相关命令的解释如下：

```
##计算单元数量
CellCounter: Count cells in HBase table
##完成大量数据加载
completebulkload: Complete a bulk data load
##将表从一个集群导入另一个集群
copytable: Export a table from local cluster to peer cluster
##将HDFS数据导入到表
export: Write table data to HDFS
##导入由导出写入的数据
import: Import data written by Export
##导入TSV 格式数据
importtsv: Import data in TSV format
##计算行数
rowcounter: Count rows in HBase table
verifyrep: Compare the data from tables in two different clusters.
```

步骤 04 进入 Hadoop 安装目录并启动 history 服务：

```
/usr/local/hadoop/sbin/mr-jobhistory-daemon.sh start historyserver
```

步骤 05 启动 HDFS 和 yarn 等服务，代码如下：

第 4 章　MapReduce 与 HBase

```
/usr/local/hadoop/sbin/start-all.sh
```

执行结果如图 4-15 所示。

图 4-15　启动 HDFS 和 yarn 服务

步骤 06　在 HDFS 的 hbase 目录下创建 lib 目录，并把所需要的全部 jar 包上传到 HDFS 中，代码如下：

```
hadoop fs -mkdir /home/hadoop/hbase/lib/
hadoop fs -put /home/hadoop/hbase/lib/ hbase-hadoop-compat-1.1.5.jar /home/hadoop/hbase/lib
hadoop fs -put /home/hadoop/hbase/lib/hbase-client-1.1.5.jar /home/hadoop/hbase/lib
```

执行结果如图 4-16 所示。

图 4-16　创建 HDFS 目录并上传 jar 包

步骤 07　调用 HBase 自带的 MR 例子 rowcounter，计算 user 表的行数（命令行较长，注意空格，其中无换行符）。执行结果如图 4-17 所示，可以看到运行结果 rows 与 user 表行数一致。

```
HADOOP_CLASSPATH=`${HBASE_HOME}/bin/hbase mapredcp`
$HBASE_HOME/bin/hbase org.apache.hadoop.hbase.mapreduce.RowCounter 'user'
```

步骤 08　查看 export 的介绍，注意命令中的空格，其中无换行符。

```
##使用export导出表说明
hbase org.apache.hadoop.hbase.mapreduce.Export user /hbase/user
```

export 导出表说明如图 4-18 所示。

```
hadoop@AllBigdata:/$ $HBASE_HOME/bin/hbase org.apache.hadoop.hbase.mapreduce.RowCounter  'user'
SLF4J: Class path contains multiple SLF4J bindings.
SLF4J: Found binding in [jar:file:/home/hadoop/hbase/lib/slf4j-log4j12-1.7.5.jar!/org/slf4j/impl/StaticLo
ggerBinder.class]
SLF4J: Found binding in [jar:file:/usr/local/hadoop/share/hadoop/common/lib/slf4j-log4j12-1.7.10.jar!/org
/slf4j/impl/StaticLoggerBinder.class]
SLF4J: See http://www.slf4j.org/codes.html#multiple_bindings for an explanation.
SLF4J: Actual binding is of type [org.slf4j.impl.Log4jLoggerFactory]
2022-01-05 09:44:29,297 WARN  [main] mapreduce.TableMapReduceUtil: The hbase-prefix-tree module jar conta
ining PrefixTreeCodec is not present.  Continuing without it.
2022-01-05 09:44:29,428 INFO  [main] Configuration.deprecation: session.id is deprecated. Instead, use df
s.metrics.session-id
2022-01-05 09:44:29,436 INFO  [main] jvm.JvmMetrics: Initializing JVM Metrics with processName=JobTracker
, sessionId=
2022-01-05 09:44:30,670 INFO  [main] zookeeper.RecoverableZooKeeper: Process identifier=hconnection-0x354
9bca9 connecting to ZooKeeper ensemble=localhost:2181
2022-01-05 09:44:30,692 INFO  [main] zookeeper.ZooKeeper: Client environment:zookeeper.version=3.4.6-1569
965, built on 02/20/2014 09:09 GMT
2022-01-05 09:44:30,692 INFO  [main] zookeeper.ZooKeeper: Client environment:host.name=localhost
2022-01-05 09:44:30,692 INFO  [main] zookeeper.ZooKeeper: Client environment:java.version=1.8.0_292
2022-01-05 09:44:30,692 INFO  [main] zookeeper.ZooKeeper: Client environment:java.vendor=Private Build
2022-01-05 09:44:30,693 INFO  [main] zookeeper.ZooKeeper: Client environment:java.home=/usr/lib/jvm/java-
8-openjdk-amd64/jre
```

图 4-17　HBase 自带的 MR 例子

```
hadoop@AllBigdata:/$ hbase org.apache.hadoop.hbase.mapreduce.Export
ERROR: Wrong number of arguments: 0
Usage: Export [-D <property=value>]* <tablename> <outputdir> [<versions> [<starttime> [<endtime>]] [^[reg
ex pattern] or [Prefix] to filter]]

  Note: -D properties will be applied to the conf used.
  For example:
   -D mapreduce.output.fileoutputformat.compress=true
   -D mapreduce.output.fileoutputformat.compress.codec=org.apache.hadoop.io.compress.GzipCodec
   -D mapreduce.output.fileoutputformat.compress.type=BLOCK
  Additionally, the following SCAN properties can be specified
  to control/limit what is exported..
   -D hbase.mapreduce.scan.column.family=<familyName>
   -D hbase.mapreduce.include.deleted.rows=true
   -D hbase.mapreduce.scan.row.start=<ROWSTART>
   -D hbase.mapreduce.scan.row.stop=<ROWSTOP>
For performance consider the following properties:
   -Dhbase.client.scanner.caching=100
   -Dmapreduce.map.speculative=false
   -Dmapreduce.reduce.speculative=false
For tables with very wide rows consider setting the batch size as below:
   -Dhbase.export.scanner.batch=10
hadoop@AllBigdata:/$ 
```

图 4-18　export 导出表说明

步骤 09　测试 export 的示例，将 user 表数据导出到 HDFS 的/hbase/user 目录下，代码如下：

```
hbase org.apache.hadoop.hbase.mapreduce.Export user /hbase/user
```

执行结果如图 4-19 所示。

```
hadoop@AllBigdata:/$ hbase org.apache.hadoop.hbase.mapreduce.Export user /hbase/user
SLF4J: Class path contains multiple SLF4J bindings.
SLF4J: Found binding in [jar:file:/home/hadoop/hbase/lib/slf4j-log4j12-1.7.5.jar!/org/slf4j/impl/StaticLo
ggerBinder.class]
SLF4J: Found binding in [jar:file:/usr/local/hadoop/share/hadoop/common/lib/slf4j-log4j12-1.7.10.jar!/org
/slf4j/impl/StaticLoggerBinder.class]
SLF4J: See http://www.slf4j.org/codes.html#multiple_bindings for an explanation.
SLF4J: Actual binding is of type [org.slf4j.impl.Log4jLoggerFactory]
2022-01-05 10:00:33,763 INFO  [main] mapreduce.Export: versions=1, starttime=0, endtime=92233720368547758
07, keepDeletedCells=false
2022-01-05 10:00:35,410 WARN  [main] mapreduce.TableMapReduceUtil: The hbase-prefix-tree module jar conta
ining PrefixTreeCodec is not present.  Continuing without it.
2022-01-05 10:00:35,485 INFO  [main] Configuration.deprecation: session.id is deprecated. Instead, use df
s.metrics.session-id
2022-01-05 10:00:35,486 INFO  [main] jvm.JvmMetrics: Initializing JVM Metrics with processName=JobTracker
, sessionId=
2022-01-05 10:00:40,786 INFO  [main] zookeeper.RecoverableZooKeeper: Process identifier=hconnection-0x164
14e40 connecting to ZooKeeper ensemble=localhost:2181
```

图 4-19　表数据导出

步骤 10 执行完成后，在 HDFS 上可以查看导出的表数据，执行代码如下：

```
hadoop fs -ls /hbase/user
```

步骤 11 导入数据和导出数据的使用方式类似，代码如下：

```
##HDFS数据导入user，导入之前user表要先创建
hbase org.apache.hadoop.hbase.mapreduce.Import user /hbase/user
```

执行结果如图 4-20 所示。

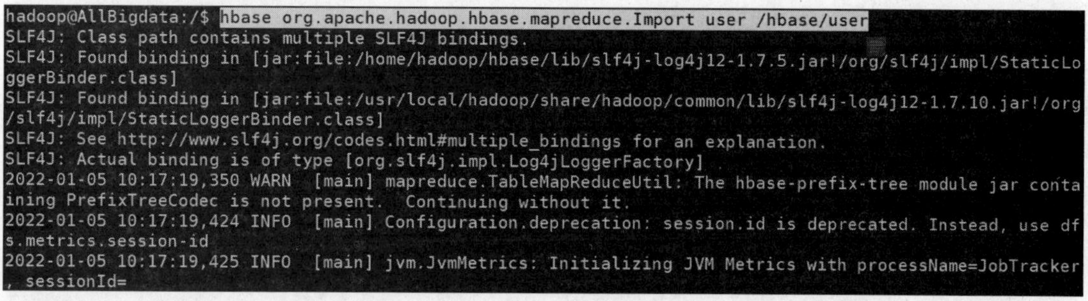

```
hadoop@AllBigdata:/$ hbase org.apache.hadoop.hbase.mapreduce.Import user /hbase/user
SLF4J: Class path contains multiple SLF4J bindings.
SLF4J: Found binding in [jar:file:/home/hadoop/hbase/lib/slf4j-log4j12-1.7.5.jar!/org/slf4j/impl/StaticLoggerBinder.class]
SLF4J: Found binding in [jar:file:/usr/local/hadoop/share/hadoop/common/lib/slf4j-log4j12-1.7.10.jar!/org/slf4j/impl/StaticLoggerBinder.class]
SLF4J: See http://www.slf4j.org/codes.html#multiple_bindings for an explanation.
SLF4J: Actual binding is of type [org.slf4j.impl.Log4jLoggerFactory]
2022-01-05 10:17:19,350 WARN  [main] mapreduce.TableMapReduceUtil: The hbase-prefix-tree module jar containing PrefixTreeCodec is not present.  Continuing without it.
2022-01-05 10:17:19,424 INFO  [main] Configuration.deprecation: session.id is deprecated. Instead, use dfs.metrics.session-id
2022-01-05 10:17:19,425 INFO  [main] jvm.JvmMetrics: Initializing JVM Metrics with processName=JobTracker, sessionId=
```

图 4-20　导入数据和导出数据

4.3.6　任务三：编写 MapReduce 集成 HBase 对表数据的操作

步骤 01 往 user 表第 1003 行插入一个 age，代码如下：

```
##执行插入脚本
hbase(main)::> put 'user','1003','info:age','20'
```

执行结果如图 4-21 所示。

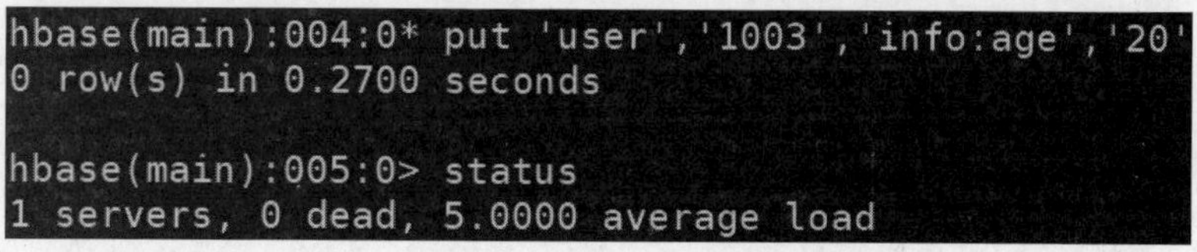

```
hbase(main):004:0* put 'user','1003','info:age','20'
0 row(s) in 0.2700 seconds

hbase(main):005:0> status
1 servers, 0 dead, 5.0000 average load
```

图 4-21　插入数据

步骤 02 新建一个 basic 表，代码如下：

```
hbase(main)::> create 'basic','info'
```

执行结果如图 4-22 所示。

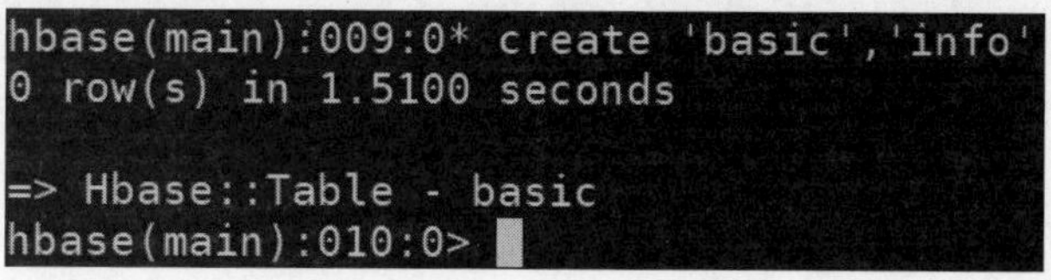

```
hbase(main):009:0* create 'basic','info'
0 row(s) in 1.5100 seconds

=> Hbase::Table - basic
hbase(main):010:0>
```

图 4-22　新建 basic 表

步骤 03 在 IDEA 的 Maven 项目上新建一个 User2BasicMapReduce 类，使用 HBase 的 API 接口方式往 basic 表中插入数据，具体操作如图 4-23 所示。

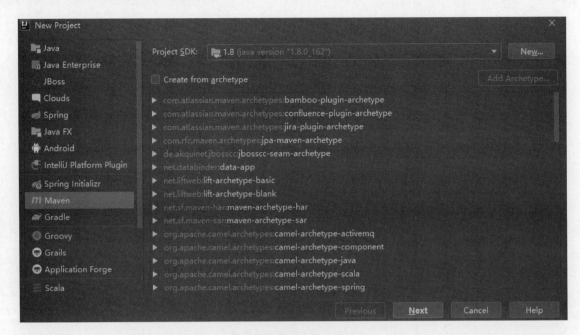

图 4-23　新建 Maven 项目

步骤 04　编写 User2BasicMapReduce 类，代码参见本书配套资源，代码界面如图 4-24 所示。

图 4-24　编写 User2BasicMapReduce 类

步骤 05　编写该类 WriteBasicReduce，具体代码如图 4-25 所示。

步骤 06　编写 Map 类，具体代码如图 4-26 所示。

步骤 07　编写 Reduce 类，具体代码如图 4-27 所示。

```java
public static class WriteBasicReduce extends TableReducer<Text, Put,
        ImmutableBytesWritable>{
    protected void reduce(Text key,Iterable<Put> values,
                    Reducer<Text, Put,ImmutableBytesWritable, Mutation>.Context context)
        throws IOException, InterruptedException {
        for (Put put : values) {
            context.write(null, put);
        }
    }
}
```

图 4-25　WriteBasicReduce 的代码

```java
public static class ReadUserMapper extends TableMapper<Text, Put> {
    private Text mapOutputkey=new Text();
    protected void map(ImmutableBytesWritable key,Result value,
                    Mapper<ImmutableBytesWritable, Result, Text, Put>.Context context)
        throws IOException, InterruptedException {
        String rowkey=Bytes.toString(key.get());
        mapOutputkey.set(rowkey);
        Put put=new Put(key.get());
        for (Cell cell : value.rawCells()) {
            if ("info".equals(Bytes.toString(CellUtil.cloneFamily(cell)))){
                if ("name".equals(Bytes.toString(CellUtil.cloneQualifier(cell)))) {
                    put.add(cell);
                }
                if ("age".equals(Bytes.toString(CellUtil.cloneQualifier(cell)))) {
                    put.add(cell);
                }
            }
        }
        context.write(mapOutputkey, put);
    }
}
```

图 4-26　Map 类代码

```java
public static class WriteBasicReduce extends TableReducer<Text, Put,
        ImmutableBytesWritable>{
    protected void reduce(Text key,Iterable<Put> values,
                    Reducer<Text, Put,ImmutableBytesWritable, Mutation>.Context context)
        throws IOException, InterruptedException {
        for (Put put : values) {
            context.write(null, put);
        }
    }
}
```

图 4-27　Reduce 类

步骤 08　编写 main 函数，读取配置文件，使用工具类的 run 方法运行 UserBasicMapreduce 类，再根据运行结果退出，具体代码如图 4-28 所示。

步骤 09　编写 run 方法，具体代码如图 4-29 所示。

步骤 10　打开 IDEA 工具，File→Project Structure→Artifacts，如图 4-30 所示。

```
public static void main(String[] args) throws Exception {
    Configuration configuration=HBaseConfiguration.create();
    int status=ToolRunner.run(configuration, new User2BasicMapReduce(),args);
    System.exit(status);
}
```

图 4-28　编写 main 函数

```
public int run(String[] arg) throws Exception {
    Job job =Job.getInstance(this.getConf(),this.getClass().getSimpleName());
    job.setJarByClass(this.getClass());
    Scan scan=new Scan();
    //scan.setCaching() ;
    scan.setCacheBlocks(false);
    TableMapReduceUtil.initTableMapperJob( table: "user",scan, ReadUserMapper.class,
            Text.class, Put.class, job);
    TableMapReduceUtil.initTableReducerJob( table: "basic", WriteBasicReduce.class, job);
    job.setNumReduceTasks (10)   ;
    boolean issuccess=job.waitForCompletion( verbose: true);
    //return issuccess?;
    return 0;
}
```

图 4-29　编写 run 方法

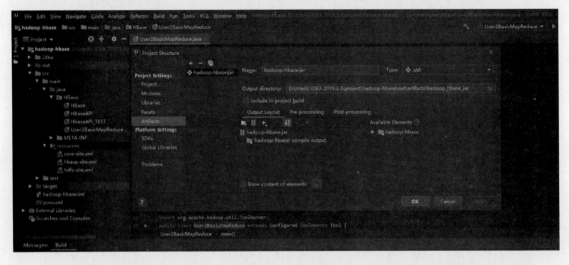

图 4-30　导出功能

步骤 ⑪　选择 Build→Build Artifact→Build，会在指定目录下产生 jar 包，具体操作如图 4-31 所示。

图 4-31　导出 jar 包

步骤⑫ 把 jar 包上传到服务器上，打开终端进入 /usr/local/hadoop/jars 文件夹，在 HBase 上执行 jar 包，执行代码如下：

```
chmod 777 $HADOOP_HOME/jars/hadoop-hbase.jar
java -jar /usr/local/hadoop/jars/hadoop-hbase.jar
```

上传 jar 包结果如图 4-32 所示。

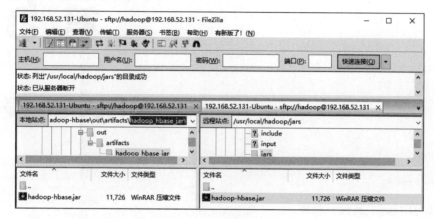

图 4-32　执行结果

步骤⑬ 执行后，basic 表成功写入数据，执行结果如图 4-33 所示。

图 4-33　basic 表成功写入数据

4.4 习　　题

（1）假设每天百亿数据存入HBase，如何保证数据的存储正确和在规定的时间里全部录入完毕，不残留数据？

（2）HBase给Web前端提供接口的方式有哪些？

（3）列出HBase优化的方法。

（4）简述HBase中RowFilter和BloomFilter的原理？

（5）HBase的导入/导出方式？

（6）Region如何预建分区？

（7）HRegionServer宕机如何处理？

（8）HBase简单读写流程？

（9）HBase和Hive的对比？

（10）HBase首次读写流程？

（11）HBase搭建过程中需要注意什么？

第 5 章

HBase 表设计

本章学习目标：

- 了解 HBase 表的设计原理
- 了解 HBase 表的实现原理
- 熟悉 HBase 的 Shell 命令执行方法
- 掌握 HBase 的 Shell 命令创建表
- 了解 HBase 的存储方式
- 了解 HBase 数据迁移
- 了解 HBase 使用 BulkLoad 加载数据

本章将首先向读者介绍 HBase 表设计的概念和实现技术，再介绍 HBase Shell 命令创建表、HBase 存储方式、在 WebUI 界面里查看表的方法，然后再详细描述 HBase 数据迁移的常见方式及 importTsv 功能、用 BulkLoad 加载数据到 HBase 表及其原理，最后给出话单表案例。

5.1 HBase 表的设计

5.1.1 HBase 表概述

1. HBase 表特点

HBase是一个高可靠、高性能、面向列、可伸缩的分布式数据库，是谷歌BigTable的开源实现，主要存储非结构化和半结构化数据的数据库。HBase可通过水平扩展的方式，利用廉价计算机集群处理超过亿行和数百万列组成的数据表。

HBase是Hadoop生态系统中的一个组件，安装Hadoop之后需要单独安装HBase，可以通过解压安装包和配置环境变量后直接使用。HBase具有以下特点：

（1）表记录按RowKey字典序存储。
（2）表schema只定义到Column Family级别属性。

（3）每个Column的Family可以有任意多个Column。

（4）每个Column中可以有任意多个版本的数据。

（5）Column只在有赋值时才被真正存储，NULL值无存储消耗。

（6）1个Column Family内的Column是统一存储。

（7）除表名外所有数据皆为无类型数据。

2. HBase 表结构逻辑

HBase是列族数据库，是NoSQL数据库的一种。HBase表结构由列族构成，存储在一个或多个Region中。HBase采用主从结构模型，由一个Master节点通过心跳机制协调管理一个或多个RegionServer节点，并管理Region数据分发；一个节点上只有一个RegionServer和多个Region。

Region是分布式存储和负载均衡的最小单元，它由一个或多个Store组成；每个Store又由一个MemStore和多个StoreFile组成。数据首先写入MemStore并存储在内存中，当MemStore累计到一定阈值时，会创建一个新的MemStore，并将旧的MemStore添加到flush队列，由单独的线程flush到磁盘上，成为一个StoreFile。当Store中的StoreFile文件数量达到一定阈值后合并同一个key，形成一个大的StoreFile；当StoreFile大小达到一定阈值时，当前Region切分为两个Region，并被HMaster分配到相应的HRegionServer上。

HBase的关键组件包括：

（1）ZooKeeper：它负责用户端和HBase Maser之间的协调工作。

（2）HBase Master：用于监控RegionServer。

（3）RegionServer：用于监视Region。

（4）Region：它包含在内存数据存储（MemStore）和HFile中。

HBase 由一组表组成，每个表都包含与传统数据库相似的行和列，每个表必须包含定义为主键的元素。HBase 列表示对象的属性，表记录按 RowKey 字典序存储，数据存储的基本逻辑单元是 Cell，其结构描述如图 5-1 所示。

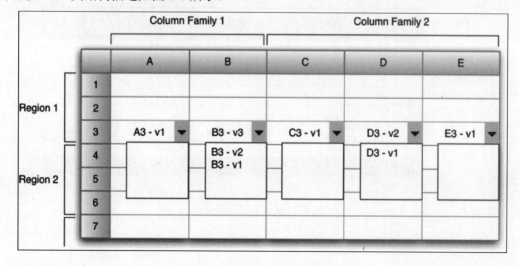

图 5-1 HBase 表结构逻辑

HBase数据模型如图5-2所示。

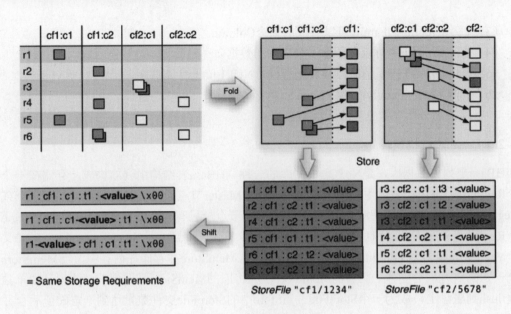

图 5-2　HBase 数据模型

3. HBase 行键 RowKey

HBase是一个面向列的数据库管理系统，它运行在HDFS分布式文件系统之上，HBase不是关系型数据库，它不支持像SQL这样的结构化查询语言。HBase的Key键可由行、列族、列分隔符、时间戳等构成，访问性能与兼容性成反比，使用RowKey进行查询的性能最好。指定Timestamp能减少StoreFile级别的读操作，Bloom Filter也能达到同样目的，选择指定的Column Family可以减少查询需要读取的数据量。简单的、纯基于filter的值查找是一个全表扫描操作，但使用filter可以减少网络传输数据量，其粒度及性能如图5-3所示。

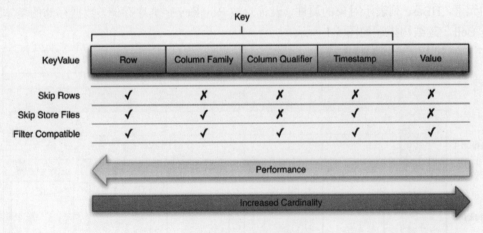

图 5-3　Key 粒度及性能

5.1.2　HBase 表详细设计

1. HBase 表设计方法

HBase存储采用命名空间和分区Region方式结合。HBase一般由行键、时间戳、列族、列、行组成。列族预先定义好，行、时间戳和列使用时动态扩展。HBase通过行和列确定的一个存储单元称为Cell，按时间倒序保存着一份数据的多个版本。时间戳是精确到毫秒的当前系统时间，也可由客户显式赋值。

2. RowKey 设计

RowKey即行键，标识记录的唯一性。RowKey是影响HBase性能的最主要因素。从传统关系型数据库中的索引和查询计划对性能的影响中可以看出，RowKey标识了记录的位置。

HBase中数据查询的性能比较：Get > 基于RowKey范围的scan > 全表Scan。

一个Region的范围是由一对Start/End RowKey决定的，从而间接决定了每个Region的记录条数和数据大小。HBase没有二级索引等其他非RK索引。通常情况下，采用分行存储的优点如下：

（1）能获得更好的Get以及scan的性能。
（2）太长的行记录不利于做Region的Split。
（3）行设计必须符合数据原子性操作要求。
（4）HBase只保证行级别数据的原子性操作。

3. RowKey 组成元素的要点

（1）尽量将所有常用查询所使用的域放入RowKey中，优先使用RK的filter。
（2）保持RowKey值是唯一性的，比如添加序列号。
（3）RowKey长度越短越好，考虑KeyValue的物理存储规则。

RowKey 的设计首要考虑便于能将最常用的查询转化为 HBase 的 get，或者基于 RowKey 范围的 Scan 操作。最重要的域放在首位，再依次存放次重要的域。

单调递增序列数据/时间序列数据解决方案是为单调值添加Hash函数使其分布平均，具体Hash方法包括：

（1）基于节点信息等静态配置信息，比如静态Hash。
（2）基于其他数据信息，如其他Key值，比如动态Hash。
（3）直接使用RowKey的Hash值，比如Random。

5.2 案例 04：HBase 创建表

5.2.1 案例目标

（1）使用HBase Shell命令创建命名空间。
（2）使用HBase Shell命令创建表。

5.2.2 案例预备知识点

（1）操作系统基础知识。
（2）熟悉Linux系统。

（3）了解Hadoop基础原理。
（4）熟悉Hadoop生态环境以及MapReduce原理和应用。

5.2.3 案例环境要求

（1）案例的硬件环境：双核CPU、4GB内存、50GB硬盘。
（2）需要能够支持系统连接网络的网络环境。
（3）系统账号：hadoop；密码：hadoop。

5.2.4 案例实施步骤

步骤01 开启 HDFS 和 HBase 服务：

```
##启动HDFS
/usr/local/hadoop/sbin/start-all.sh
##启动HBase
/home/hadoop/hbase/bin/start-hbase.sh
```

步骤02 启动 ZooKeeper。分别进入到 ZooKeeper 的 bin 目录启动 ZooKeeper 服务：

```
##启动Zookeeper服务
/usr/local/Zookeeper/zkServer.sh start
```

步骤03 启动 yarn。在 Master 节点下启动 yarn 服务：

```
##启动yarn服务
/usr/local/yarn/start-yarn.sh start
```

步骤04 创建一个 ns 命名空间，代码如下：

```
##创建命名空间
hbase(main)::> create_namespace 'ns'
```

步骤05 查看 create 创建表的使用规则，创建表需要至少有一个列族，运行代码如下：

```
hbase(main)::> help 'create'
hbase(main)::> create 'ns:t', { NAME => 'f' }
hbase(main)::> create 't', {NAME => 'f'}, {NAME => 'f'}, {NAME => 'f'}
hbase(main)::> create 't', 'f', 'f', 'f'
hbase(main)::> create 't', {NAME => 'f', VERSIONS => , TTL => , BLOCKCACHE => true}
hbase(main)::> create 't', {NAME => 'f', CONFIGURATION => {'HBase.hstore.blockingStoreFiles' => ''}}
hbase(main)::> create 'ns:t', 'f', SPLITS => ['', '', '', '']
hbase(main)::> create 't', 'f', SPLITS => ['', '', '', '']
hbase(main)::> create 't', 'f', SPLITS_FILE => 'splits.txt', OWNER => 'johndoe'
hbase(main)::> create 't', {NAME => 'f', VERSIONS => }, METADATA => { 'mykey' => 'myvalue' }
hbase(main)::> create 't', 'f', {NUMREGIONS => , SPLITALGO => 'HexStringSplit'}
hbase(main)::> create 't', 'f', {NUMREGIONS => , SPLITALGO => 'HexStringSplit', REGION_REPLICATION => , CONFIGURATION =>
```

```
{'HBase.hregion.scan.loadColumnFamiliesOnDemand' => 'true'}}
    hbase(main)::> create 't', {NAME => 'f', DFS_REPLICATION => }
You can also keep around a reference to the created table:
    hbase(main)::> t = create 't', 'f'
```

在 HBase 中，namespace 命名空间指对一组表的逻辑分组，类似 RDBMS 中的 database，方便对表在业务需求上做一定的划分，HBase 系统默认定义了两个默认的 namespace。

- HBase：系统内建表，包括 namespace 和 meta 表。
- default：用户建表时未指定 namespace 的表都创建在此。

namespace 名字空间的命令包括：alter_namespace、create_namespace、describe_namespace、drop_namespace、list_namespace、list_namespace_tables。

步骤 06 查看命名空间创建方式，代码如下：

```
hbase(main):001:0> help 'create_namespace'
```

结果如图 5-4 所示。

```
hbase(main):012:0* help 'create_namespace'
Create namespace; pass namespace name,
and optionally a dictionary of namespace configuration.
Examples:

  hbase> create_namespace 'ns1'
  hbase> create_namespace 'ns1', {'PROPERTY_NAME'=>'PROPERTY_VALUE'}
hbase(main):013:0>
```

图 5-4 查看命名空间创建方式

步骤 07 查看所有命名空间，代码如下：

```
##查看所有命名空间
hbase(main)::> list_namespace
```

步骤 08 创建多列族的表，在指定的 ns 命名空间下创建一个 t 表：

```
hbase(main)::> create 'ns:t', {NAME => 'f'},{NAME => 'f'}, {NAME => 'f'}
##创建多列族的表
hbase(main)::> create 'ns:t', 'f', 'f', 'f'
```

步骤 09 查看 ns 命名空间下的表：

```
##查看命名空间下的表
hbase(main)::> list_namespace_tables 'ns'
```

步骤 10 查看 t 表的详细信息，代码如下：

```
##查看表的详细信息
hbase(main)::> describe 'ns:t'
```

结果如图 5-5 所示。

```
hbase(main):010:0* describe 'ns:t'
Table ns:t is ENABLED
ns:t
COLUMN FAMILIES DESCRIPTION
{NAME => 'f', BLOOMFILTER => 'ROW', VERSIONS => '1', IN_MEMORY => 'false', KEEP_D
ELETED_CELLS => 'FALSE', DATA_BLOCK_ENCODING => 'NONE', TTL => 'FOREVER', COMPRES
SION => 'NONE', MIN_VERSIONS => '0', BLOCKCACHE => 'true', BLOCKSIZE => '65536',
REPLICATION_SCOPE => '0'}
1 row(s) in 0.0220 seconds
```

图 5-5　查看 t 表详细信息

5.3　案例 05：HBase 存储方式

5.3.1　案例目标

（1）了解HBase的存储方式。
（2）了解创建预先分区的三种方式。
（3）了解在HBase的Web界面查看方法。

5.3.2　案例预备知识点

（1）熟悉Linux系统。
（2）了解Hadoop基础原理。
（3）熟悉Hadoop生态环境。
（4）了解HBase启动方法。

5.3.3　案例环境要求

（1）硬件环境：双核CPU、4GB内存、50GB硬盘。
（2）需要能够支持系统连接网络的网络环境。

5.3.4　案例实施步骤

步骤 01 了解 HBase 的存储方式。

Table 的 Region 在默认情况下，创建一个 HBase 表，会自动为表分配一个 Region。结合实际使用情况来看，无论是在测试环境还是生产环境中，创建好一张表后，需要往表中导入大量的数据。流程为：file/datas→HFile→bulk load into HBase table。

当 Region 达到一定大小后，就会进行分割成两个 Region。某一时刻大量的数据放在某一张表中，加载 RegionServer 可能会出问题，解决方案是：创建表时，多创建一些 Region，结合业务依据表的数据 RowKey 进行设计。比如，创建 5 个 Region 被多个 RegionServer 进行管理。在插入数据时，会向 5 个 Region 中分别插入对应的数据以实现均衡。

如何在创建表的时候，预先创建一些 Region 呢？HBase 表的预分区 Region 的划分，依赖于 RowKey，预先预估一些 RowKey，代码如下：

```
hbase(main):001:0> create 'ns:t', 'f', SPLITS => ['', '', '', '']
hbase(main):002:0> create 't', 'f', SPLITS => ['', '', '', '']
```

```
    hbase(main):003:0> create 't', 'f', SPLITS_FILE => 'splits.txt', OWNER =>
'johndoe'
    hbase(main):004:0> create 't', {NAME => 'f', VERSIONS => }, METADATA => { 'mykey'
=> 'myvalue' }
    hbase(main):005:0> create 't', 'f', {NUMREGIONS => , SPLITALGO =>
'HexStringSplit'}
```

步骤 02 创建 1 个多 Region 的表，指定 RowKey，比如按年、月、日等，代码如下：

```
hbase(main)::> create 'zrlogs', 'info', SPLITS => ['','','']
```

步骤 03 创建预分区第一种方式，打开新的终端，先在/opt/datas 目录下创建一个 splits 文件，并插入要分割的 RowKey，命令如下：

```
##进入文件夹
cd /opt/datas/
##创建文件
touch zrlogs_splits.txt
##插入数据
vi zrlogs_splits.txt
```

步骤 04 创建预分区第二种方式，创建预分区表，代码如下：

```
##外部文件创建表
hbase(main)::>create 'zrlogs', 'info', SPLITS_FILE =>
'/opt/datas/zrlogs_splits.txt'
```

步骤 05 创建预分区第三种方式，使用系统自带的类创建预分区，NUMREGIONS 表示设置预分区个数，'HexStringSplit'使用系统自带的类，以二进制数划分 RowKey，代码如下：

```
hbase(main)::> create 'zrlogs', 'info', {NUMREGIONS => , SPLITALGO =>
'HexStringSplit'}
```

5.4 案例 06：HBase 对表进行数据迁移

5.4.1 案例目标

（1）了解HBase数据迁移。
（2）了解HBase使用BulkLoad加载数据的方法。

5.4.2 案例预备知识点

（1）熟悉Linux系统。
（2）熟悉Hadoop生态环境。

5.4.3 案例环境要求

（1）硬件环境：双核CPU、4GB内存、50GB硬盘。

（2）需要能够支持系统连接网络的网络环境。

（3）系统账号：hadoop；密码：hadoop。

5.4.4 案例实施步骤

1. 任务一：HBase 的数据迁移常见方式

数据迁移有以下三种方式：

- RDBMS 抽取数据：JDBC、通用、实用性（增量/全量）、Put 方式。
- HBase 插入数据：多线程、通用性。
- Kettle：这是一个 ETL 数据抽取转换工具，且在数据转换中提供大数据支持。

将数据导入 HBase 中有如下几种方式：

- 使用 HBase 的 API 中的 Put 方法。
- 使用 HBase 的 BulkLoad 工具。
- 使用定制的 MapReduce Job 方式。

使用 HBase API 中的 Put 方法是最直接的方法，但针对大部分情况，它并非都是最高效的方式。当需要将海量数据在规定时间内载入 HBase 中时，效率问题体现得尤为明显。待处理的数据量一般都是巨大的，这也许是为何选择了 HBase，而不是其他数据库的原因。在项目开始之前，应该思考如何将所有能够很好地将数据转移进 HBase 的方法，否则，之后可能面临严重的性能问题。

HBase有一个名为BulkLoad的功能，支持将海量数据高效地载入HBase中。BulkLoad通过一个MapReduce的Job来实现，通过Job直接生成一个HBase内部HFile格式的文件，来形成一个特殊的HBase数据表，然后直接将数据文件加载到运行的集群中。使用BulkLoad功能最简单的方式就是使用importtsv工具。importtsv是一个从TSV文件直接加载内容至HBase的内置工具，它通过运行一个MapReduce的Job，将数据从TSV文件中直接写入HBase的表，或者写入一个HBase自有格式的数据文件。

尽管importtsv工具在需要将文本数据导入HBase的时候十分有用，但是存在一些特殊情况，比如导入其他格式的数据，希望使用编程来生成数据，而MapReduce是处理海量数据最有效的方式，这可能也是HBase中加载海量数据唯一最可行的方法了。可以使用MapReduce向HBase导入数据，但海量的数据集会使得MapReduce的Job也变得很繁重，若处理不当，则可能使得MapReduce的Job运行时的吞吐量很小。

2. 任务二：importtsv 的例子制作

importtsv是HBase提供的一个命令行工具，可以将存储在HDFS的自定义分隔符的数据文件，通过一条命令方便地导入到HBase表中，对于大数据量导入非常实用。

步骤01 新建一个 student.tsv 文件，代码如下（注意 student.tsv 中能用\t 分隔符，不能存在空格）：

```
touch /opt/datas/student.tsv
vi /opt/datas/student.tsv
```

步骤02 在 HDFS 上新建文件夹/hbase/importtsv，代码如下：

```
hadoop fs -mkdir /hbase/importtsv
```

步骤 03 将数据文件上传至/hbase/importtsv 文件夹下,代码如下:

```
hadoop fs -put /opt/datas/student.tsv /hbase/importtsv
```

步骤 04 在 HBase 上新建一个 student 表,代码如下:

```
hbase(main)::> create 'student','info'
```

步骤 05 进入/usr/local/hadoop/文件夹,使用以下命令将数据导入到 student 表中:

```
cd /usr/local/hadoop/
${HBASE_HOME}/bin/hbase importtsv
-Dimporttsv.columns=HBASE_ROW_KEY,info:name,info:age,info:sex,info:address,info:phone student hdfs://localhost:8020/hbase/importtsv
```

步骤 06 导入数据后,重新查看表数据:

```
hbase(main)::> scan 'student'
```

3. 任务三:使用 BulkLoad 加载数据到 HBase 表

通常MapReduce在写HBase时使用的是TableOutputForma方式,在Reduce中直接生成Put对象写入HBase,该方式在大数据量写入时效率低下,并对HBase节点的稳定性造成一定影响,而HBase支持BulkLoad的入库方式,它利用HBase的数据信息按照特定格式存储在HDFS内这一原理,直接在HDFS中生成持久化的HFile数据格式文件,然后上传至合适位置,即可完成大量数据快速入库。配合MapReduce完成,高效便捷,而且不占用Region资源,在大数据量写入时,能极大地提高写入效率,并降低对HBase节点的写入压力。

步骤 01 新建一张 student 表,代码如下:

```
hbase(main)::> create 'student','info'
```

步骤 02 在 HDFS 上的 HBase 文件夹下,将 tsv 文件转换为 HFile 文件,并存储在 HDFS 的/hbase/fileoutput 目录下,代码如下:

```
${HBASE_HOME}/bin/hbase importtsv  -Dimporttsv.columns=HBASE_ROW_KEY,
info:name,info:age,info:sex,info:address,info:phone Dimporttsv.bulk.output=
hdfs://localhost:8020/hbase/hfileoutput student
hdfs://localhost:8020/hbase/importtsv
```

步骤 03 运行结束后,在 HDFS 上查看输出目录,可以看到 info 列族目录下的 HFile 文件。

步骤 04 查看 student 表,代码如下:

```
hbase(main)::> scan 'student'
```

5.5 案例 07:话单表分析

5.5.1 案例目标

(1)熟悉设计HBase表。

（2）熟悉HBase查询数据的知识。

5.5.2 案例预备知识点

（1）操作系统基础知识。
（2）熟悉Linux系统。
（3）了解Hadoop基础原理。
（4）熟悉Hadoop生态环境。
（5）Java知识基础。
（6）熟悉Java基本语法及IDEA的使用。

5.5.3 案例环境要求

（1）硬件环境：双核CPU、4GB内存、50GB硬盘。
（2）需要能够支持系统连接网络的网络环境。
（3）系统账号：root；密码：123456。

5.5.4 案例实施步骤

1. 任务一：了解设计 HBase 表

HBase索引主要用于提高HBase中表数据的访问速度，有效地避免了全表扫描，HBase中的表根据行键被分成了多个Regions，通常一个Region的一行都会包含较多的数据，如果以列值作为查询条件，就只能从第一行数据开始往下查找，直到找到相关数据为止，这很低效。相反，如果将经常被查询的列作为行键或者行键作为列重新构造一张表，即可实现根据列值快速定位相关数据所在的行，这就是索引。显然索引表仅需要包含一个列，所以索引表的大小和原表比起来要小得多，由于索引表的单条记录所占的空间比原表要小，所以索引表的一个Region与原表相比能包含更多条记录。HBase存储分区如图5-6所示。

图 5-6　HBase 存储分区

假设HBase中存在一张表heroes，则根据列info:name构建的索引表，如图5-7所示。

行 键	列族info		
	name	email	power
1	peter	peter@heroes.com	absorb abilities
2	hiro	hiro@heroes.com	bend time and space
3	sylar	sylar@heroes.com	know how things work
4	claire	claire@heroes.com	heal
5	noah	noah@heroes.com	cath the people with abilities

图 5-7 heroes 表的内容

HBase 会自动将生成的索引表加入如图 5-8 所示的结构中，从而提高搜索的效率。

clair	4		1	info:name=peter	…	…
hiro	2		2	info:name=hiro	…	…
noah	5		3	info:name=sylar	…	…
peter	1		4	info:name=clair	…	…
sylar	3		5	info:name=noah	…	…

图 5-8 表 heroes 索引

2. 任务二：HBase 表设计思路

本案例中话单原始表如表 5-1 所示。

表 5-1 话单表设计

时 间	地 区	主 被 叫	手机号码	通话时长	通话类型	费 用（元）
12:00:01	福州	主叫	138***	39 秒	本地	0.2
14:00:03	厦门	被叫	158***	58	本地	0.3

步骤 01 通过预分区建立话单表，如图 5-9 所示。

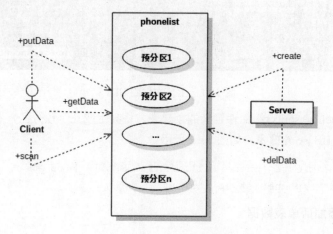

图 5-9 预分区建立话单表

① 添加 RowKey，模拟 Server 建立预分区表。

② 依据查询条件，通过前缀匹配 telphone，对 RowKey 进行范围查询 range。

③ RowKey 命名规则：telphone + (starttime - endtime)，即手机号码+通话区间。

步骤 02 添加话单表项目数据，列族为 info。

通过编写 Java 的 API 生成加入数据，属性清单如下：area（地区）、active（主叫/被叫）、phone（手机号码）、talktime（通话时长）、mode（通话类型）、price（费用）。

3. 任务三：HBase 表设计步骤

步骤 01 创建 phoneList_splits 文件，并插入要分割的 RowKey，代码如下：

```
mkdir /home/hadoop/datas/
cd /home/hadoop/datas/
vi /home/hadoop/datas/phoneList_splits.txt
```

执行结果如图 5-10 所示。

```
root@AllBigdata:/opt/datas# cat phoneList_splits.txt
136460505911_2021010100000
136460505911_2021010200000
136460505911_2021010300000
136460505911_2021010400000
```

图 5-10　插入数据

步骤 02 把文件上传到 HDFS 中，代码如下：

```
hadoop fs -put /home/hadoop/datas/phoneList_splits.txt /hbase
```

执行结果如图 5-11 所示。

```
hadoop@AllBigdata:~/datas$ hadoop fs -put /home/hadoop/datas/phoneList_splits.txt /hbase
hadoop@AllBigdata:~/datas$ hadoop fs -ls /hbase
Found 10 items
drwxr-xr-x   - hadoop supergroup          0 2022-01-05 11:00 /hbase/.tmp
drwxr-xr-x   - hadoop supergroup          0 2022-01-05 14:25 /hbase/MasterProcWALs
drwxr-xr-x   - hadoop supergroup          0 2022-01-05 10:41 /hbase/WALs
drwxr-xr-x   - hadoop supergroup          0 2022-01-05 14:25 /hbase/archive
drwxr-xr-x   - hadoop supergroup          0 2022-01-05 10:41 /hbase/corrupt
drwxr-xr-x   - hadoop supergroup          0 2022-01-05 14:17 /hbase/data
-rw-r--r--   1 hadoop supergroup         42 2022-01-04 14:41 /hbase/hbase.id
-rw-r--r--   1 hadoop supergroup          7 2022-01-04 14:41 /hbase/hbase.version
drwxr-xr-x   - hadoop supergroup          0 2022-01-05 14:52 /hbase/oldWALs
-rw-r--r--   1 hadoop supergroup        108 2022-01-05 15:08 /hbase/phoneList_splits.txt
hadoop@AllBigdata:~/datas$
```

图 5-11　上传文件到 HDFS

步骤 03 通过 phoneList_splits.txt 文件定义的创建表，将会生成几个预分区，在 Web 端查看结果，可以看到 HBase 外部表，如图 5-12 所示。

```
hbase(main)::>create 'phoneList', 'info',SPLITS_FILE =>
'/home/hadoop/datas/phoneList_splits.txt'
```

4. 任务四：添加话单表数据

步骤 01 打开 IDEA，新建带有 Maven 的 Hadoop 项目，结果如图 5-13 所示。

第 5 章　HBase 表设计

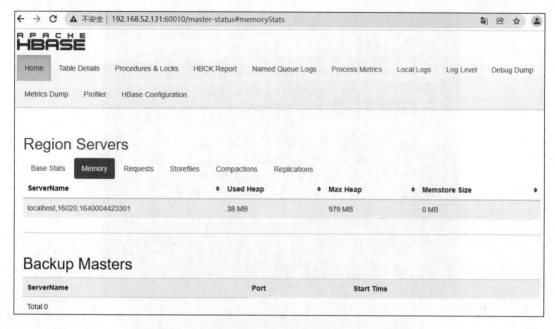

图 5-12　查看 HBase 外部表

图 5-13　新建带有 Maven 的 Hadoop 项目

步骤 02　复制原 Hadoop 项目的 HBase 包下的 hbase.java 到当前包下，具体操作如图 5-14 所示。

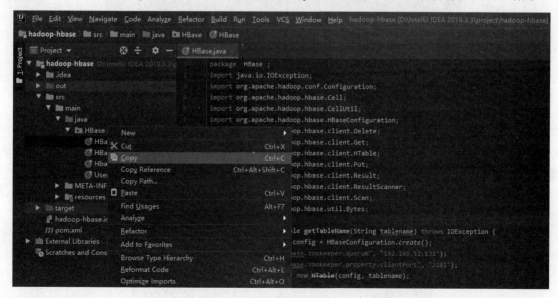

图 5-14　复制 Java 程序

步骤 03　新建 Java 程序，修改 putData 方法，具体代码如图 5-15 所示。

89

```java
private static void putData(String rowkey) throws IOException {
    String tablename = "phoneList";
    HTable table = getTableName(tablename);
    Put put = new Put(Bytes.toBytes(rowkey));
    put.add(Bytes.toBytes("info"), Bytes.toBytes("area"),
        Bytes.toBytes("fuzhou"));
    put.add(Bytes.toBytes("info"), Bytes.toBytes("active"),
        Bytes.toBytes("call"));
    put.add(Bytes.toBytes("info"), Bytes.toBytes("phone"),
        Bytes.toBytes("12344445555"));
    put.add(Bytes.toBytes("info"), Bytes.toBytes("talktime"),
        Bytes.toBytes(rowkey.substring(12, 20)));
    put.add(Bytes.toBytes("info"), Bytes.toBytes("mode"),
        Bytes.toBytes("native"));
    put.add(Bytes.toBytes("info"), Bytes.toBytes("price"),
        Bytes.toBytes("1.23"));
    table.put(put);
    table.close();
}
```

图 5-15 修改 putData 方法

步骤 04 修改 scan 方法，具体代码如图 5-16 所示。

```java
private static void scan(String timeStart, String timeEnd)
        throws IOException {
    String tablename = "phoneList";
    HTable table = getTableName(tablename);
    ResultScanner res = null;
    try {
        Scan scan = new Scan(Bytes.toBytes(timeStart),
            Bytes.toBytes(timeEnd));
        res = table.getScanner(scan);
        for (org.apache.hadoop.hbase.client.Result rs : res) {
            System.out.println(Bytes.toString(rs.getRow()));
            for (Cell cell : rs.rawCells()) {
                System.out.println(Bytes.toString(CellUtil
                    .cloneFamily(cell))
                    + ":"
```

图 5-16 修改 scan 方法

步骤 05 添加 getRowkey 方法，具体代码如图 5-17 所示。

```java
static String[] rowkeString = new String[4];
private static String getRowkey(int index) {
    rowkeString[0] = "13646055911_2021010100000";
    rowkeString[1] = "13646055911_2021010200000";
    rowkeString[2] = "13646055911_2021010300000";
    rowkeString[3] = "13646055911_2021010400000";
    return rowkeString[index];
}
```

图 5-17 添加 getRowkey 方法

步骤 06 修改 getData 方法，具体代码如图 5-18 所示。

```java
public static void getData(String rowkey) throws IOException {
    String tablename = "phoneList";
    HTable table = getTableName(tablename);
    Get get = new Get(Bytes.toBytes(rowkey));
    get.addColumn(Bytes.toBytes("info"), Bytes.toBytes("area"));
    get.addColumn(Bytes.toBytes("info"), Bytes.toBytes("phone"));
    get.addColumn(Bytes.toBytes("info"), Bytes.toBytes("talktime"));
    org.apache.hadoop.hbase.client.Result rs = table.get(get);
    for (Cell cell : rs.rawCells()) {
        System.out.println(Bytes.toString(CellUtil.cloneFamily(cell)) + ":"
                + Bytes.toString(CellUtil.cloneQualifier(cell)) + "->"
                + Bytes.toString(CellUtil.cloneValue(cell)));
    }
    table.close();
}
```

图 5-18　修改 getData 方法

步骤 07 修改 delData 方法，具体代码如图 5-19 所示。

```java
private static void delData(String rowkey) throws IOException {
    String tablename = "phoneList";
    HTable table = getTableName(tablename);
    Delete delete = new Delete(Bytes.toBytes(rowkey));
    delete.deleteFamily(Bytes.toBytes("info"));
    table.delete(delete);
    table.close();
}
```

图 5-19　修改 delData 方法

步骤 08 修改 main 方法，具体代码如图 5-20 所示。

```java
public static void main(String[] args) throws IOException {
    for (int i = 0; i < rowkeString.length - 1; i++) {
        putData(getRowkey(i));
        //delData(getRowkey(i));
        //getData(getRowkey(i));
    }
    scan(getRowkey(0), getRowkey(2));
}
```

图 5-20　修改 main 方法

5. 任务五：查询话单表数据

步骤 01 查询和执行 Java 程序，执行结果如图 5-21 所示。

步骤02 全表扫描 HBase 表数据，使用 Shell 命令行，执行代码如下：

```
hbase(main)::> scan 'phoneList'
```

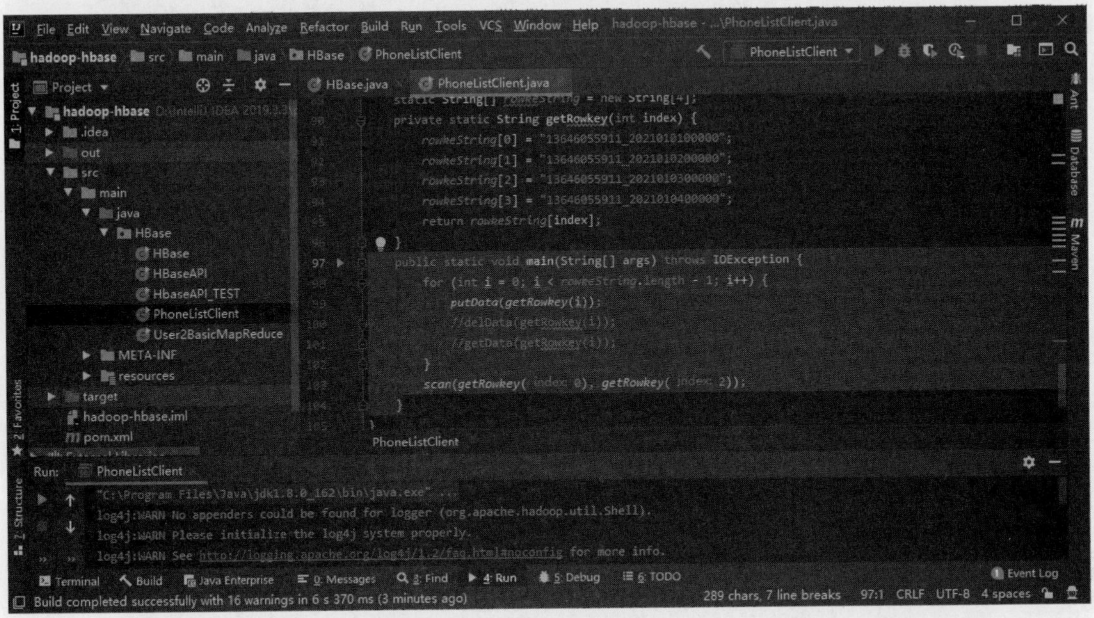

图 5-21 查询和执行 Java 程序

步骤03 搜索开始行为'_'，执行代码如下：

```
hbase(main)::> scan 'phoneList',{STARTROW=>'_'}
```

步骤04 修改 main 方法，更改 scan 扫描区间，具体执行代码如下：

```
public static void main(String[] args) throws IOException {
    for (int i = 0; i < rowkeString.length - 1; i++) {
        putData(getRowkey(i));
        //delData(getRowkey(i));
        getData(getRowkey(i));
    }
    scan(getRowkey(0), getRowkey(2));
}
```

5.6 习　　题

（1）解释什么是HBase？
（2）解释为什么要用HBase？
（3）HBase的关键组件是什么？
（4）解释HBase是由什么组成的？
（5）HBase中有多少操作命令？
（6）解释HBase中的WAL和HLog是什么？

（7）什么时候应该使用HBase？
（8）在HBase中什么是列族？
（9）解释什么是行键？
（10）解释HBase中的删除？
（11）HBase中三种墓碑标记是什么？
（12）解释HBase如何实际删除一行？
（13）假如在已占用的数据库上更改列族的块大小，会发生什么？
（14）HBase和关系型数据库之间的区别？

第 6 章

HBase 和 Hive

本章学习目标：
* 了解 Hive 的由来和技术架构
* 了解 Hive 的编程方法
* 了解 Hive 的应用场景
* 了解 Hive 和 HBase 的整合方法
* 熟悉 Hive 的体系结构
* 学会 Hive 的安装配置与简单使用
* 了解 HBase 和 Hive 的区别
* 集成环境中使用 Hive 创建和查询表

本章将首先介绍 Hive 的历史，再介绍 Hive 技术架构、Hive 编程方法、Hive 的应用场景以及 Hive 和 HBase 的整合方法，然后再详细讲解 HBase 与 Hive 集成使用方式、HBase 集成 Hive 的环境配置、集成环境中使用 Hive 创建和查询表到 HBase 表以及测试外部表集成 HBase。

6.1 企业级数据仓库 Hive 的介绍和 HBase 整合

6.1.1 Hive 的历史

Hive是Facebook开发的构建于Hadoop集群之上的数据仓库应用，它提供了类似于SQL语法的HQL语句作为数据访问接口，这使得普通分析人员对Hadoop的学习成本降低很多。那Facebook为什么要使用Hadoop和Hive组建其数据仓库？

Facebook的数据仓库一开始是构建于MySQL上的，但是随着数据量的增加，某些查询需要几个小时甚至几天的时间才能完成。当数据量接近TB级的时候，MySQL的后台进程将会垮掉，这时开发人员决定将数据仓库转移到Oracle上。当然，这次转移的过程也付出了很大的代价，比如支持的SQL语言不同，因此需要修改以前的运行脚本等。Oracle应付几TB的数据还是没有问题的,但是在开始收集用户点击流的数据之后,预计每天产生大约GB级别数据量时,Oracle也开始撑不住了,因此又要考虑新的数据仓库方案。

内部开发人员花了几周的时间建立了一个并行日志处理系统,即Apache的Cheetah,这样勉强可以在数小时之内处理完一天的点击流数据。但是Cheetah也存在许多缺点,后来发现了Hadoop项目,并开始试着将日志数据同时载入Cheetah和Hadoop中做对比,发现Hadoop在处理大规模数据时更具优势,后来Facebook将所有的工作流都从Cheetah转移到了Hadoop,并基于Hadoop做了很多有价值的分析。

为了使组织中的多数人能够使用Hadoop开发Hive,Hive提供了类似于SQL的查询接口,非常方便。与此同时还开发了一些其他工具。现在集群存储PB级别的数据,并且以每天TB的数据在增长,每天提交数亿级别以上的作业,大约处理TB级别的数据。

现在很多大的互联网公司出于成本考虑,都在研究和使用Hadoop,数据的价值正得到越来越多人的重视,而这种重视又体现出Hadoop存在的巨大价值。

6.1.2 Hive 简介

Hive是基于Hadoop的一个数据仓库工具,可以将结构化的数据文件映射为一张数据库表,并提供类SQL查询功能。

简单来说,其实Hive就是一个SQL解析引擎,它将SQL语句转译成M/R的Job,然后在Hadoop执行,本质是将HQL转换为MapReduce程序,来达到快速开发的目的。掀开Hive的神秘面纱之后来看它的表,其实就是一个Hadoop的目录和文件,按表名做文件夹分开,如果有分区表的话,分区值是子文件夹,可以直接在其他M/R的Job里直接应用这部分数据,Hive的功能如图6-1所示。

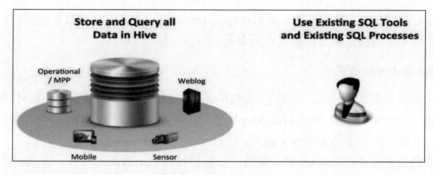

图 6-1 Hive 的功能

6.1.3 Hive 技术架构

1. Hive 的组成和结构

Hive的结构可以分为CLI、Client和WebUI。其中最常用的是 CLI,Client在启动时,会同时启动一个Hive副本。Client是Hive的客户端,协助连接至Hive Server。在启动Client模式的时候,需要指出Hive Server所在的节点,并且在该节点启动Hive Server,WebUI通过浏览器访问Hive的接口。

- 中间件:包括 Thrift Server 接口和 JDBC/ODBC 的服务端,用于整合 Hive 和其他程序。

- Driver（解释器、编译器、优化器）：完成 HQL 查询语句从词法分析、语法分析、编译、优化以及查询计划的生成。生成的查询计划存储在 HDFS 中，并在随后由 MapReduce 调用执行。
- 元数据 Metastore：存放系统参数，元数据的存储相当于 Derby、MySQL 等一些数据库中存储表结构和数据类型。元数据通常存储在关系型数据库如 MySQL、Derby 中。Metastore 类似于 Hive 的目录，它存放了表、区、列、类型、规则模型的所有信息，并且它可以通过 Thrift 接口进行修改和查询。它为编译器提供高效的服务，所以它会存放在一个传统的数据库管理系统中，利用关系模型进行管理，这个信息非常重要，需要备份，并且支持查询的可扩展性。Hive 的组成与结构如图 6-2 所示。

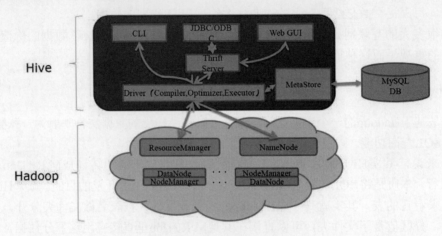

图 6-2　Hive 的组成与结构

Hive将元数据存储在数据库中，如MySQL、Oracle等。Hive中的元数据包括表的名字、表的列、分区以及表属性、表的数据所在目录等。

2．Hive 与 Hadoop 关系

Hadoop本身不能识别Hive，但是它通过Hive架构转化成Hadoop能识别的Job任务。用户发出SQL请求，经过Hive处理，转换成Hadoop可运行的MapReduce程序。HQL中对查询语句的解释、优化、生成查询计划是由Hive完成的。

所有的数据都存储在Hadoop中，查询计划被转化为MapReduce任务，Hadoop和Hive都是用UTF编码的，但是有些查询没有MR任务，如select * from table等。Hive执行过程过程如图6-3所示。

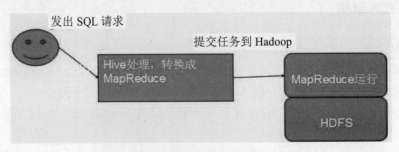

图 6-3　Hive 执行过程

3. Hive 与传统并行数据仓库的对比

（1）存储引擎方面

Hive没有自己专门的数据存储格式，也没有为数据建立索引，用户可以非常自由地组织Hive中的表，只要在创建表时告诉Hive数据中的列分隔符和行分隔符，Hive就可以解析数据。Hive的元数据存储在RDBMS中，所有数据都基于HDFS存储。Hive包含Table、External Table、Partition和Bucket等数据模型。

并行数据仓库需要先把数据装载到数据库中，按特定的格式存储，然后才能执行查询。每天需要花费几个小时来将数据导入并行数据库中，而且随着数据量的增长和新的数据源加入，导入时间会越来越长。导入时大量的写I/O与用户查询的读I/O产生竞争，会导致查询的性能降低。

Hive执行查询前无需导入数据，执行计划直接执行。Hive支持默认的多种文件格式，同时也可以通过实现MapReduce的InputFormat或OutputFormat类，由用户定制格式。因为公司的数据种类很多，存储于不同的数据源系统，可能是MySQL、HDFS等，很多时候Hive的分析过程会用到各种数据源的数据。当然，使用多个存储数据源，除了功能上要能够支持导入/导出之外，如何根据各种存储源的能力和执行流获得最优执行计划也是一件烦琐的事。

（2）执行引擎方面

并行数据仓库使用优化器。在生成执行计划时，利用元数据信息估算执行流上各个算子要处理的数据量和处理开销，进而选取最优的执行计划。并行数据仓库实现了各种执行算子，比如Sort、GroupBy、Union和Filter等，它的执行优化器可以灵活地选择多个算子的不同实现。此外，并行数据仓库还拥有完备的索引机制，包括磁盘布局、缓存管理和I/O管理等多个层面的优化，这些都对查询性能至关重要，而这恰恰是Hive的不足之处。

Hive的编译器负责编译源代码并生成最终的执行计划，包括语法分析、语义分析、目标代码生成等，所做的优化并不多。Hive的Sort和GroupBy都依赖MapReduce。而MapReduce相当于固化的执行算子，Map的MergeSort必须执行，GroupBy算子也只有一种模式，Reduce的Merge-Sort也必须可选，Hive对Join算子的支持也较少。另外，内存复制和数据预处理也会影响Hive的执行效率。当然，数据预处理可能会影响数据的导入效率，这需要根据应用特点进行权衡。

（3）扩展性方面

并行数据仓库可以很好地扩展到几十或上百个节点的集群，并且达到接近线性的加速比。然而，今天的大数据分析需要的可扩展性远远超过这个数量，经常需要达到数百甚至上千个节点。目前，几乎没有哪个并行数据仓库运行在这么大规模的集群上，这涉及多个方面的原因，比如：并行数据仓库假设底层集群节点完全同构；并行数据仓库认为节点故障很少出现；并行数据仓库设计和实现基于的数据量并未达到PB级或者EB级。

与并行数据仓库不同的是，Hive更加关注水平扩展性。简单来讲，水平扩展性指系统可以通过简单的增加资源来支持更大的数据量和负载。

Hive处理的数据量是PB级别的，而且每小时、每天都在增长，这就使得水平扩展性成为一个非常重要的指标。Hadoop系统的水平扩展性非常好，而Hive基于MapReduce框架，因此能够很自然地利用这一点。

（4）容错性方面

Hive有较好的容错性。Hive的执行计划在MapReduce框架上以作业的方式执行，每个作业的中间结果文件写到本地磁盘，最终输出文件写到HDFS文件系统，利用HDFS的多副本机制来保证数据的可靠性，从而达到作业的容错性。如果在作业执行过程中某节点出现故障，那么Hive执行计划基本不会受到影响。因此，基于Hive实现的数据仓库可以部署在由普通机器构建的分布式集群之上。

如果当某个执行计划在并行数据仓库上运行时，某节点发生故障，那么必须重新执行该计划。所以，当集群中的单点故障发生率较高时，并行数据仓库的性能就会下降。在实际生产环境中，假设每个节点故障发生率为10%，那么2个节点的集群中，单点故障发生率则为20%。这个数字并不是耸人听闻的，处理海量数据的I/O密集型应用集群，平均每月的机器故障率达到10%~20%，当然这些机器可能是普通机型。

4．从数据仓库系统对比来看 Hive 的发展前景

大数据时代的信息爆炸，使得分布式/并行处理变得更加重要。无论是传统行业，还是新兴互联网行业，日常业务运行所产生的海量用户和服务数据都需要更大的硬件资源来处理。需要并行处理的应用领域主要为网页搜索、广告投放和机器翻译等。从单机应用到集群应用的过渡中，诞生了MapReduce这样的分布式框架，简化了并行程序的开发，提供了水平扩展和容错能力。

虽然Hadoop的应用非常广泛，但这类框架暴露出来的编程接口仍然比较低级，编写复杂处理程序或查询仍然十分耗时，并且代码很难复用。目前Google、Facebook和微软等公司都在底层分布式计算框架之上，开发出更高层次的编程模型，将开发者不关心的细节封装起来，以提供更简洁的编程接口。

目前应用最广泛的当属Facebook开源贡献的Hive。Hive是一个基于Hadoop的数据仓库平台，可以方便地进行数据提取转化加载（ETL）的工作。Hive定义了一个类似于SQL的查询语言HQL，能够将用户编写的SQL转化为相应的MapReduce程序。当然，用户也可以自定义Mapper和Reducer来完成复杂的分析工作。从2010年下半年开始，Hive成为Apache顶级项目。

基于MapReduce的Hive具有良好的扩展性和容错性。不过由于MapReduce缺乏结构化数据分析中有价值的特性，以及Hive缺乏对执行计划的充分优化，导致Hive在很多场景下比并行数据仓库慢，在几十台机器的小规模场景下可能相差更大。

5．Hive 与传统数据库对比

（1）查询语言

由于SQL被广泛的应用在数据仓库中，因此专门针对 Hive的特性设计了类SQL的查询语言HQL。熟悉SQL的开发者可以很方便地使用Hive进行开发。

（2）数据存储位置

Hive建立在Hadoop之上，所有Hive的数据都存储在HDFS中。而数据库则可以将数据保存在块设备或者本地文件系统中。

（3）数据格式

Hive中没有定义专门的数据格式，数据格式可以由用户指定，用户定义数据格式需要指定三个属性：列分隔符（通常为空格、\t、\x）、行分隔符（\n）以及读取文件数据的方法（Hive中默认有文件格式TextFile、SequenceFile等）。由于在加载数据的过程中，不需要从用户数据格式到Hive定义的数据格式的转换，因此Hive在加载的过程中不会对数据本身进行任何修改，而只是将数据内容复制或者移动到相应的HDFS目录中。而在数据库中，不同的数据库有不同的存储引擎，定义了自己的数据格式，所有数据都会按照一定的组织存储，因此，数据库加载数据的过程会比较耗时。

（4）数据更新

由于Hive是针对数据仓库应用设计的，而数据仓库的内容读多写少，Hive不支持对数据的改写和添加，所有的数据都是在加载的时候中确定好的。而数据库中的数据通常需要经常进行修改，因此可以使用INSERT INTO...VALUES语句添加数据，使用 UPDATE...SET语句修改数据。Hive和RDBMS的对比如表6-1所示。

表6-1　Hive 和 RDBMS 的对比

比较内容	Hive	RDBMS
查询语言	HQL	SQL
数据存储	HDFS	Raw Device or Local FS
执行	MapReduce	Excutor
执行延迟	高	低
处理规模	大	小
索引	0.8版本后加入位图索引	有复杂的索引

（5）索引

之前已经说过，Hive在加载数据的过程中不会对数据进行任何处理，甚至不会对数据进行扫描，因此也没有对数据中的某些Key建立索引。Hive在需要访问数据中满足条件的特定值时，需要暴力扫描整个数据，因此访问延迟较高。由于MapReduce的引入， Hive可以并行访问数据，因此即使没有索引，对于大数据量的访问Hive仍然可以体现出优势。在数据库中，通常会针对一个或者几个列建立索引，因此对于少量的、特定条件的数据的访问，数据库可以有很高的效率，以及较低的延迟。由于数据的访问延迟较高，决定了Hive不适合在线数据查询。

（6）执行

Hive中大多数查询的执行通过Hadoop提供的MapReduce来实现，而数据库通常有自己的执行引擎。

（7）执行延迟

之前提到，Hive在查询数据的时候，由于没有索引，需要扫描整个表，因此延迟较高。另外一个导致Hive执行延迟高的因素是MapReduce框架。由于MapReduce本身具有较高的延迟，因此在利用MapReduce执行Hive查询时，也会有较高的延迟。相对来说，数据库的执行延迟较低。当然，这个低是有条件的，即数据规模较小，当数据规模大到超过数据库的处理能力的时候，Hive的并行计算显然更能体现出优势。

（8）可扩展性

由于Hive建立在 Hadoop之上，因此Hive的可扩展性和Hadoop的可扩展性是一致的，最大的Hadoop集群在Yahoo。而数据库由于ACID语义的严格限制，扩展行非常有限。目前最先进的并行数据库Oracle在理论上的扩展能力也只有100台左右。

6．小结

作为互联网领域应用最为广泛的开源数据仓库Hive是免费的，尤其它在扩展性和容错性方面有强大的优势。不过对比传统的并行数据仓库，Hive在存储引擎支持、执行引擎高效化以及多样化接口等方面，还有很多工作要做。此外，业界的其他数据仓库，像新兴的Tenzing、DryadLINQ、Dremel或HadoopDB等，都有Hive值得借鉴的地方，Hive原有的实现也还有很大的优化空间。

Hive的诞生带动了Hadoop开源栈系统的进一步发展，也使得很多公司能够从零开始快速搭建数据仓库系统，从而推动了整个产业链的进步。

6.1.4 Hive 编程

1．HiveQL 的数据类型

Hive支持原子和复杂数据类型。原子数据类型包括数值型、布尔型和字符串类型，其中数值型有int、bigint、smallint、tinyint、double、float，布尔型为boolean，字符串类型为string。复杂数据类型包括数组（Array）、集合（Map）和结构（Struct）。如表6-2所示。

表 6-2 Hive 数据类型

基本类型	大　　小	描　　述
TINYINT	1 个字节	有符号整数
SMALLINT	2 个字节	有符号整数
INT	4 个字节	有符号整数
STRING	最大 2GB	字符串，类似 SQL 中的 VARCHAR 类型
BIGINT	8 个字节	有符号整数
FLOAT	4 个字节	单精度浮点型
DOUBLE	~	TRUE/FALSE
BOOLEAN	8 个字节	双精度浮点型

2．复杂类型操作符

复杂类型操作符，如表6-3所示。

表 6-3 复杂类型操作符

复杂类型	大　　小	描　　述
Map	不限	一组有序字段，字段类型必须相同
ARRAY	不限	无序键值对，键值内部字段类型必须相同
STRUCT	不限	一组字段，字段类型可以不同

Hive 表大致分为普通表、外部表、分区表三种。

Hive默认创建Managed Table（普通表、分区表），由Hive来管理数据，意味着Hive会将数据移动到数据仓库目录。

另外一种选择是创建External Table（外部表），这时Hive会到数据仓库目录以外的位置访问数据。

选择方法：如果所有处理都由Hive完成，应该使用Managed Table；如果要用Hive和其他工具来处理同一个数据集，应该使用External Tables（外部表）。

3. Hive 基本操作

Hive把表组织成"分区"。这是一种根据"分区列"的值对表进行粗略划分的机制，使用分区可以加快数据分片的查询速度，即使查询的时候不需要扫描全表，这对于提高查询效率很有帮助。表或分区可以进一步分为"桶"，会为数据提供额外的结构以获取更高的查询处理速度，每个桶对应一个Reduce操作。

使用桶时需要设置hive.enforce.sorting属性为true。

操作示例：

```
##创建表，按照name分区，按照uid分桶
CREATE TABLE logs (uid INT, line STRING)
PARTITIONED BY (line STRING)
CLUSTERED BY(uid) SORTED BY (uid ASC) INTO  BUCKETS;
```

（1）创建内部表 mytable，具体执行结果如图 6-4 所示。

图 6-4　创建内部表 mytable

（2）创建外部表pageview，具体执行结果如图6-5所示。

图 6-5　创建外部表 pageview

(3) 创建分区表 invites，具体执行结果如图 6-6 所示。

```
hive> create table if not exists invites(
    >       id int,
    >       name string
    > )
    > partitioned by (ds string)
    > row format delimited fields terminated by ',' lines terminated by '\n' stored as textfile;
OK
Time taken: 0.642 seconds
hive> load data local inpath '/root/app/datafile/invites.txt' overwrite into table invites partition (ds='20131229');
Copying data from file:/root/app/datafile/invites.txt
Copying file: file:/root/app/datafile/invites.txt
Loading data to table default.invites partition (ds=20131229)
Partition default.invites{ds=20131229} stats: [num_files: 1, num_rows: 0, total_size: 29, raw_data_size: 0]
Table default.invites stats: [num_partitions: 1, num_files: 1, num_rows: 0, total_size: 29, raw_data_size: 0]
OK
Time taken: 2.563 seconds
hive> load data local inpath '/root/app/datafile/invites.txt' overwrite into table invites partition (ds='20131230');
Copying data from file:/root/app/datafile/invites.txt
Copying file: file:/root/app/datafile/invites.txt
Loading data to table default.invites partition (ds=20131230)
Partition default.invites{ds=20131230} stats: [num_files: 1, num_rows: 0, total_size: 29, raw_data_size: 0]
Table default.invites stats: [num_partitions: 2, num_files: 2, num_rows: 0, total_size: 58, raw_data_size: 0]
OK
Time taken: 2.372 seconds
hive> show partitions inviteds;
FAILED: SemanticException [Error 10001]: Table not found inviteds
hive> show partitions invites;
OK
ds=20131229
ds=20131230
Time taken: 0.54 seconds, Fetched: 2 row(s)
```

图 6-6　创建分区表 invites

(4) 创建带桶的表 student，具体执行结果如图 6-7 所示。

```
hive> create table student(id INT, age INT, name STRING)
    > partitioned by(stat_date STRING)
    > clustered by(id) sorted by(age) into 2 buckets
    > row format delimited fields terminated by ',';
OK
Time taken: 18.409 seconds
hive> set hive.enforce.bucketing = true;
hive> load data local inpath '/root/app/datafile/buckets.txt' overwrite into table student partition (ds='20131230');
FAILED: SemanticException [Error 10098]: Non-Partition column appears in the partition specification:  ds
hive> load data local inpath '/root/app/datafile/buckets.txt' overwrite into table student partition (stat_date='20131230');
Copying data from file:/root/app/datafile/buckets.txt
Copying file: file:/root/app/datafile/buckets.txt
Loading data to table default.student partition (stat_date=20131230)
Partition default.student{stat_date=20131230} stats: [num_files: 1, num_rows: 0, total_size: 77, raw_data_size: 0]
Table default.student stats: [num_partitions: 1, num_files: 1, num_rows: 0, total_size: 77, raw_data_size: 0]
OK
Time taken: 3.88 seconds
hive>
```

图 6-7　创建带桶的表 student

6.1.5　Hive 的应用场景

Hive 的架构如图 6-8 所示。

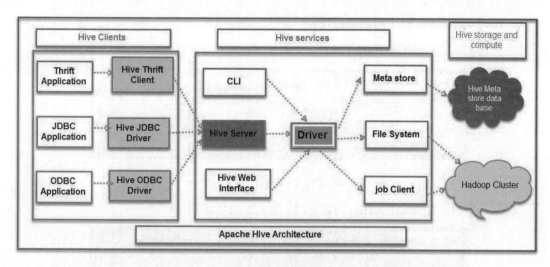

图 6-8　Hive 的架构

6.1.6　Hive 和 HBase 整合

Hive 与 HBase 的整合功能的实现是利用两者本身对外的 API 接口相互进行通信，相互通信主要是依靠 hive-hbase-handler.jar 工具类。

配置 Hive 与 HBase 整合的目的是利用 HQL 语法实现对 HBase 数据库的增删改查操作，基本原理就是利用两者本身对外的 API 接口互相进行通信，两者通信主要是依靠 hive_hbase-handler.jar 工具类，整合后的结构如图 6-9 所示。

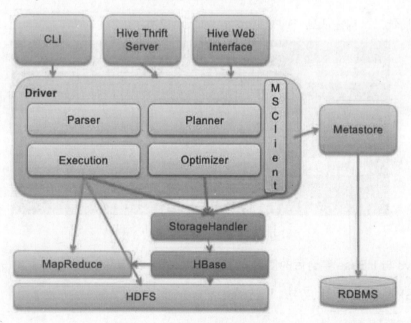

图 6-9　Hive 与 HBase 整合后的结构

这里需要注意：使用 Hive 操作 HBase 中的表，只是提供了便捷性，HiveQL 引擎使用的是 MapReduce，在性能上表现比较糟糕，因此需要在实际应用过程中可针对不同的场景酌情使用。

1. Hive 与 HBase 整合后的使用场景

（1）场景一：将ETL操作的数据存入HBase，如图6-10所示。

图 6-10　ETL 操作的数据存入 HBase

（2）场景二：HBase作为Hive的数据源，如图6-11所示。

图 6-11　HBase 作为 Hive 的数据源

（3）场景三：构建低延时的数据仓库，如图6-12所示。

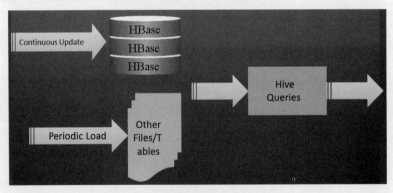

图 6-12　构建低延时的数据仓库

2. Hive 与 HBase 整合后的使用方法

整合后Hive有两种启动方法。单节点启动：

```
hbase.master=master
```

集群启动：

```
hive -hiveconf
hbase.zookeeper.quorum=node1,node2,node3
```

在 Hive 中创建 HBase 的表：

```
##在Hive中创建集成HBase的Hive表
CREATE TABLE hbase_table (key int, value string) STORED BY 'org.apache.hadoop.hive.hbase.HBaseStorageHandler' WITH SERDEPROPERTIES ("hbase.columns.mapping" = ":key,cf:val")
    TBLPROPERTIES ("hbase.table.name" = "ceshi");
##备注hbase.table.name定义在HBase的table名称
##hbase.columns.mapping定义在HBase的列族里面的:key是固定值而且是唯一值
##创建有分区的表
CREATE TABLE hbase_table(key int, value string) partitioned by (day string) STORED BY 'org.apache.hadoop.hive.hbase.HBaseStorageHandler' WITH SERDEPROPERTIES ("hbase.columns.mapping" = ":key,cf:val")
    TBLPROPERTIES ("hbase.table.name" = "ceshi");
##因为在Hive中创建的和HBase整合的表不支持Load Data导入数据而需要在Hive中创建新表
create table pokes (foo int,bar string) row format delimited fieldsterminated by ',' ;
##导入数据
load data local inpath '/home/pokes.txt' overwrite into table pokes;
##将数据导入到HBase_table表中
insert overwrite table hbase_table select * from pokes;
##然后可以在hive中查看到导入的数据,进入HBase查看表结构
hbase shell
hbase(main)::> describe 'ceshi'
##查看HBase表中数据
hbase(main)::> scan 'ceshi'
##对于HBase中已经存在的表使用方法
CREATE EXTERNAL TABLE hbase_table(key int, info map<string,string>) STORED BY 'org.apache.hadoop.hive.HBase.HBaseStorageHandler' WITH
    SERDEPROPERTIES ("hbase.columns.mapping" = "cf:val")
    TBLPROPERTIES("hbase.table.name" = "ceshi");
##创建好表后,可以在hive中查看到HBase表中的数据
Hive>select * from hbase_table;
```

6.2 案例08：HBase 与 Hive 集成使用

6.2.1 案例目标

（1）熟悉Hive体系结构。
（2）学会Hive的安装配置与简单使用。
（3）了解HBase与Hive集成使用。

6.2.2 案例预备知识点

（1）熟悉Linux系统。

（2）熟悉Hadoop生态系统。

（3）熟悉Java数据库相关知识。

6.2.3 案例环境要求

（1）案例时硬件环境：双核CPU、4GB内存、50GB硬盘。

（2）需要能够支持系统连接网络的网络环境。

（3）系统账号：hadoop；密码：hadoop。

6.2.4 任务一：HBase 集成 Hive 的环境配置

1. Hive 与 HBase 整合的必要性

Hive是建立在Hadoop之上的数据仓库基础构架，是为了减少MapReduce编写工作的批处理系统。Hive本身不存储和计算数据，它完全依赖于HDFS和MapReduce。Hive可以理解为一个客户端工具，将SQL操作转换为相应的MapReduce的Job，然后在Hadoop上运行。

HBase全称为Hadoop Database，即HBase是Hadoop的数据库，是一个分布式的存储系统。HBase利用Hadoop的HDFS作为其文件存储系统，利用Hadoop的MapReduce来处理HBase中的海量数据，利用ZooKeeper作为其协调工具。

HBase数据库的缺点在于语法格式异类，没有类SQL的查询方式，因此在实际的业务当中操作和计算数据非常不方便。但是Hive就不一样了，Hive支持标准的SQL语法，可以通过Hive这个客户端工具对HBase中的数据进行操作与查询，进行相应的数据挖掘，这就是所谓Hive与HBase整合的含义，Hive与HBase的整合如图6-13所示。

图 6-13 Hive 与 HBase 的整合

2. 配置 Hive

步骤01 解压 Hive 的文件：

```
tar -zxvf /home/apache-hive-2.3.2-bin.tar.gz -C /usr/local
```

步骤02 给 Hive 建立个 hbase 的 jar 包软连接：

```
cd /usr/local/hive/lib/
export HBASE_HOME=/home/hadoop/hbase
ln -s $HBASE_HOME/lib/hbase-server.jar
$HIVE_HOME/lib/hbase-server.jar
ln -s $HBASE_HOME/lib/hbase-client.jar
$HIVE_HOME/lib/hbase-client.jar
ln -s $HBASE_HOME/lib/hbase-protocol.jar
$HIVE_HOME/lib/hbase-protocol.jar
```

```
ln -s $HBASE_HOME/lib/hbase-it.jar
$HIVE_HOME/lib/hbase-it.jar
ln -s $HBASE_HOME/lib/htrace-core.jar
$HIVE_HOME/lib/htrace-core.jar
ln -s $HBASE_HOME/lib/hbase-hadoop-compat.jar
$HIVE_HOME/lib/hbase-hadoop-compat.jar
ln -s $HBASE_HOME/lib/hbase-hadoop-compat.jar
$HIVE_HOME/lib/HBase-hadoop-compat.jar
ln -s $HBASE_HOME/lib/high-scale-lib.jar
$HIVE_HOME/lib/high-scale-lib.jar
```

步骤03 在 Hive 的 lib 目录下查看软连接：

```
cd /usr/local/hive/lib
ll
```

步骤04 配置 hive-site.xml，设置 ZooKeeper 客户端：

```xml
<?xml version="." encoding="UTF-" standalone="no"?>
<?xml-stylesheet type="text/xsl" href="configuration.xsl"?>
<configuration>
 <property>
    <name>hbase.zookeeper.quorum</name>
    <value>localhost</value>
 </property>
</configuration>
```

6.2.5 任务二：集成环境中使用 Hive 创建和查询表

步骤01 启动 HDFS、ZooKeeper 和 HBase 服务，最后使用 jps 查看，代码如下：

```
##启动HDFS
/usr/local/hadoop/sbin/start-all.sh
##启动Zookeeper
/usr/local/zookeeper/sbin/zkServer.sh start
##启动HBase
/home/hadoop/hbase/bin/start-hbase.sh
jps
```

步骤02 进入 Hive，创建一张管理表 hbase_table 与 HBase 集成，代码如下：

```
hive>
hive> CREATE TABLE hbase_table_(key int, value string)
> STORED BY 'org.apache.hadoop.hive.hbase.HBaseStorageHandler'
> WITH SERDEPROPERTIES ("hbase.columns.mapping" = ":key,cf:val")
> TBLPROPERTIES ("hbase.table.name" = "xyz");
```

步骤03 查看表详情的代码如下：

```
hive> desc formatted xyz ;
```

步骤04 在 HBase 的 Shell 中也可以看到一张 xyz 表，代码如下：

```
/home/hadoop/hbase/bin/hbase shell
hbase(main)::> list
```

步骤 05 在 Hive 本地中创建 emp 表:

```
create table IF NOT EXISTS default.emp( empno int , ename string , job string ,
mgr int , hiredate string , sal double , comm double , deptno int)
ROW FORMAT DELIMITED FIELDS TERMINATED BY '\t'
```

步骤 06 导入本地数据到 emp 表:

```
hive> load data local inpath '/home/hadoop/datas/emp.txt' into table
default.emp;
```

步骤 07 在 Hive 中将 emp 表的 empno 和 ename 列的数据插入到表 hbase_table 中:

```
hive> INSERT OVERWRITE TABLE hbase_table as select empno,ename from emp;
```

步骤 08 在 Hive 中查看表数据:

```
hive> select * from default.emp;
```

步骤 09 在 HBase 中查看表数据,此时表数据还在 MemStore 中,所以列族中没有数据文件:

```
hbase(main)::> scan 'xyz'
```

步骤 10 执行 flush 命令,此时才会看到一个数据文件:

```
hbase(main)::> flush 'xyz'
```

步骤 11 测试在 Hive 删除表后,HBase 数据是否会被删除:

```
hive> drop table xyz ;
```

在 HBase 中查看表也已经被删除了,只要表删除了,数据也会一起被删除。

6.2.6 任务三:测试外部表集成 HBase

现在已经存在一个HBase表,需要对表中的数据进行分析。

步骤 01 删除 user 表多余的两个列:

```
hbase(main)::> scan 'user'
hbase(main)::> delete 'user','','info:sex'
hbase(main)::> delete 'user','','info:tel'
hbase(main)::> scan 'user'
```

步骤 02 打开 Hive 创建外部表:

```
hive>create EXTERNAL table hbase_user(id int,name string,age int)
STORED BY 'org.apache.hadoop.hive.hbase.HBaseStorageHandler'
WITH SERDEPROPERTIES ("hbase.columns.mapping"=":key,info:name,info:age")
TBLPROPERTIES("hbase.table.name"="user");
```

步骤 03 查看外部表数据:

```
hive>select * from hbase_user;
```

步骤 04 测试删除 Hive 外部表是否会删除 HBase 中的数据:

```
hive>drop table hbase_user;
```

步骤 05 删除后,可以查看到 HBase 中数据仍然存在:

```
hbase> scan 'user'
```

6.3 习 题

1. 选择题

(1) HBase 中的批量加载底层使用(　　)实现。

　A. MapReduce　　　B. Hive　　　　　　C. Coprocessor　　　D. Bloom Filter

(2) HBase 性能优化包括(　　)选项?

　A. 读优化　　　　　B. 写优化　　　　　C. 配置优化　　　　D. JVM优化

(3) RowKey 设计的原则,下列(　　)选项的描述是正确的?

　A. 尽量保证越短越好　　　　　　　　　B. 可以使用汉字
　C. 可以使用字符串　　　　　　　　　　D. 本身是无序的

(4) HBase 构建二级索引的实现方式有(　　)?

　A. MapReduce　　　B. Coprocessor　　　C. Bloom Filter　　　D. Filter

(5) 关于 HBase 二级索引的描述,(　　)是正确的?

　A. 核心是倒排表　　　　　　　　　　　B. 二级索引概念对应RowKey这个"一级"索引
　C. 二级索引使用平衡二叉树　　　　　　D. 二级索引使用LSM结构

(6) 下列关于 Bloom Filter 的描述正确的是(　　)?

　A. 一个很长的二进制向量和一系列随机映射函数
　B. 没有误算率
　C. 有一定的误算率
　D. 可以在Bloom Filter中删除元素

(7) HBase 官方版本可以安装在(　　)操作系统上?

　A. CentOS　　　　　B. Ubuntu　　　　　C. RedHat　　　　　D. Windows

(8) HBase 虚拟分布式模式需要(　　)个节点?

　A. 最少3个　　　　 B. 最多5个　　　　 C. 最少1个　　　　 D. 最少2个

（9）HBase 分布式模式最好需要（　　）个节点？

A. 最多3个　　　　B. 最多4个　　　　C. 最少4个　　　　D. 最少3个

（10）下列（　　）选项是安装 HBase 前所必须安装的？

A. 操作系统　　　　B. JDK　　　　C. Shell Script　　　　D. Java Code

（11）解压 .tar.gz 结尾的 HBase 压缩包使用的 Linux 命令是（　　）？

A. tar -zxvf　　　　B. tar -zx　　　　C. tar -s　　　　D. tar -nf

2. 简答题

（1）简述HBase的架构和基本原理。
（2）简述ZooKeeper在HBase中的作用。
（3）简述HMaster的作用。
（4）简述HRegionServer的作用。
（5）简述Region的作用。
（6）简述StoreFile的作用。
（7）简述HFile的作用。
（8）简述HLog的作用。
（9）简述HBase与传统关系型数据库（如MySQL）的区别。
（10）什么时候适合使用HBase（应用场景）。

第 7 章

HBase 深入剖析

本章学习目标：

* HBase 性能优化和测试
* 剖析 HBase 表
* HBase 集群及表管理

本章将首先介绍HBase表性能优化，再介绍HBase性能测试，接着深入剖析HBase表案例，最后介绍HBase集群及表管理的案例。

7.1 HBase 性能优化和测试

7.1.1 HBase 性能优化

1. zookeeper.asession.timeout：超时时间

超时时间默认为3分钟。timeout决定了RegionServer是否能够及时failover。设置成分钟或更低可以减少因等待超时而被延长的failover时间。不过需要注意的是，对于一些Online应用，RegionServer从宕机到恢复时间本身就很短，比如：网络闪断、crash故障等，运维可快速介入。如果调低timeout时间，反而会得不偿失。

因为当ReigonServer被正式从RS集群中移除时，HMaster就开始做balance均衡，让其他RS根据故障机器记录的WAL日志进行恢复。当故障RS在人工介入恢复后，这个balance动作是毫无意义的，反而会使负载不均衡，给RS带来更多负担，特别是那些固定分配Regions的场景。

2. hbase.regionserver.handler.count：处理总数

处理总数默认为10。这个参数表示RegionServer的请求处理I/O线程数，它的调优与内存息息相关。

较少的I/O线程适用于处理单次请求内存消耗较高的Put场景，大容量单次Put或设置了较大cache的scan，均属于Big的Put，或ReigonServer的内存比较紧张的场景。较多的IO线程适用于单次请求且内存消耗低、TPS要求非常高的场景。设置该值的时候，以监控内存为主要参考。

3. hbase.hregion.max.filesize：文件大小

文件大小默认为1GB。这个参数表示在当前ReigonServer上单个Reigon的最大存储空间。单个Region超过该值时，这个Region会被自动Split成更小的Region。

怎么调优？小的Region对Split很友好，因为拆分Region或Compact小Region里的StoreFile速度很快，内存占用低。缺点是Split和Compaction会很频繁，特别是数量较多的小Region不停地Split和Compaction，会导致集群响应时间波动很大，Region数量太多不仅给管理上带来麻烦，甚至会引发一些HBase的bug。大Region则不太适合经常Split和Compaction，因为做一次Compaction和Split会产生较长时间的停顿，对应用的读写性能冲击非常大。此外，大Region意味着较大的StoreFile，Compaction时对内存也是一个挑战。

当然，大Region也有其用武之地。在某个时间点的访问量较低的时候，那么在此时做Compaction和Split，既能顺利完成Split和Compaction，又能保证绝大多数时间平稳的读写性能。

4. memstore.upperLimit/lowerLimit：内存上限和下限

upperLimit说明：默认值为0.4。当单个MemStore达到指定值时，flush冲洗掉该MemStore。但是，一台ReigonServer可能有成百上千个MemStore，每个MemStore也许未达到flush.size冲掉大小，JVM的heap就不够用，该参数就是为了限制MemStores占用的总内存。

当ReigonServer内所有的MemStore所占用的内存总和达到heap的40%时，HBase会强制block所有的更新，并flush这些MemStore，以释放所有MemStore占用的内存。

lowerLimit说明：默认值为0.35。lowerLimit算是一个在全局flush导致性能暴跌前的补救措施。为什么说是性能暴跌？如果MemStore需要在一段较长的时间内做全量flush，且这段时间内无法接受任何读写请求，这种情况对HBase集群的性能影响很大。

5. hfile.block.cache.size：缓存大小

缓存大小默认值为0.2。这个参数值直接影响数据读的性能。

设置这个参数值的时候，同时要参考upperLimit，该值是MemStore占heap的最大百分比，两个参数一个影响读，一个影响写。

6. HBase.hstore.blockingStoreFiles：块存储文件数

块存储文件数默认为7。在Compaction时，如果一个Store内有超过7个StoreFile需要合并，则block所有的写请求，进行flush，限制StoreFile数量增长过快。

调优方法：block写请求会影响当前Region的性能，将值设为单个Region可以支撑的最大Store File数量会是个不错的选择，即允许Comapction时，MemStore将继续生成StoreFile。

最大StoreFile数量可通过region.size/memstore.size来计算。如果将region.size设为无限大，那么需要预估一个Region可能产生的最大StoreFile数。

7. hregion.memstore.block.multiplier：内存块繁殖者

内存块繁殖者默认为2。当一个Region里的MemStore超过单个memstore.size两倍的大小时，

block该Region的所有请求，进行flush，释放内存。虽然设置了MemStore的总大小，但在Put了一个10MB数据的情形下，此时MemStore的大小会瞬间暴涨到超过预期的memstore.size。这个参数的作用是当MemStore的大小增至超过memstore.size时，block所有请求，遏制风险进一步扩大。

调优方法：如果预估正常应用场景不会出现突发写或写的量可控，那么保持默认值即可。如果正常情况下，写请求量就会经常暴涨到正常的几倍，那么应该调大这个倍数并调整其他参数值，比如hfile.block.cache.size和lowerLimit，以预留更多内存，防止HBase Server过大。

7.1.2 客户端性能优化

1. AutoFlush（自动冲洗）

将HTable的setAutoFlush设为False，可以支持客户端批量更新。即当Put填满客户端flush缓存时，才发送到服务端，默认是True。AutoFlush函数代码如下：

```
private void doPut(final List<Put> puts) throws IOException {
    int n = 0;
    for (Put put : puts) {
        validatePut(put);
        writeBuffer.add(put);
        currentWriteBufferSize += put.heapSize();
        n++;
        if (n % DOPUT_WB_CHECK == 0 && currentWriteBufferSize > writeBufferSize) {
            flushCommits();
        }
    }
    if (autoFlush || currentWriteBufferSize > writeBufferSize) {
        flushCommits();
    }
}
```

2. ResultScanners（结果扫描）

通过scan取完数据后，记得要关闭ResultScanner，否则RegionServer可能会出现问题，比如对应的Server资源无法释放。关闭ResultScanner代码如下：

```
public void close();
```

3. Optimal Loading of RowKeys（行键的最佳加载）

当scan一张表的时候，返回结果只需要RowKey时，可以在scan实例中添加一个filterList，并设置 MUST_PASS_ALL操作，这样可以减少网络通信量。

4. Turn off WAL on Put（在 Put 上关闭 WAL）

当Put某些非重要数据时，可以设置writeToWAL为false，来进一步提高写性能。这会在Put时放弃写WAL的Log文件。风险是当RegionServer宕机时，可能导致刚才Put的那些数据会丢失，且无法恢复。设置代码如下：

```
public Put::Put(Put putToCopy) {
    this.writeToWAL = putToCopy.writeToWAL;
}
```

5．Bloom Filter（布尔过滤器）

Bloom Filter通过空间换时间，提高读操作性能。HBase利用Bloomfilter来提高随机读的性能，对于顺序读而言，设置Bloomfilter是不起作用的。

7.1.3　HBase 性能测试

测试配置：本小节性能测试报告是在1台NN服务器+3台DN服务器组成的小规模集群上测试得到。

服务器配置：双核CPU，16GB内存，1块1TB的SATA硬盘，万兆以太网。

测试用例和场景：每隔5s接收20万条无线AP客户端记录信息，约9.4MB数据，实时录入到HBase中，持续时长为1小时，总共数据量为6.5GB。

原始二进制数据流示例如下：

```
00011111 10001011 00001000 00000000 00000000 00000000
```

HBase 入库性能测试结论如下：

大概平均保持在写入40MB/s的速度，中间有一次读操作是RegionServer内存满了，当存在缓冲的数据量达到一定程度就会写入硬盘，这个时候IO有所下降，如图7-1所示。

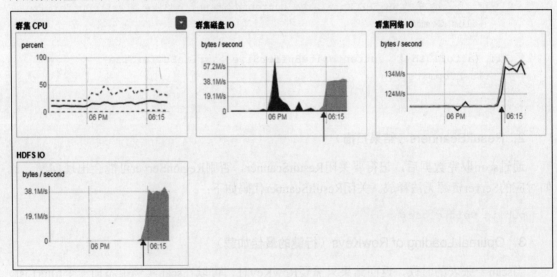

图 7-1　状态图（完整 1 小时的 IO 状况）

Hadoop需要用到MySQL服务，内存要减去20GB，所以Hadoop平均在35GB内存左右，如图7-2所示。

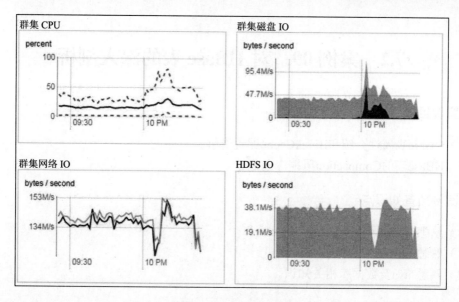

图 7-2　CPU 内存状况

HBase总体情况如图7-3所示。

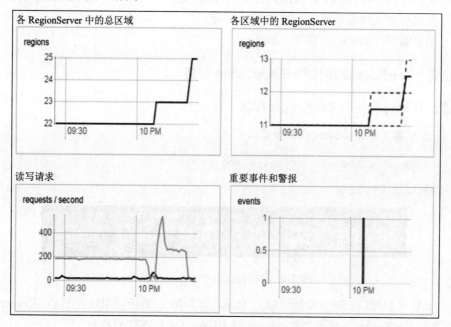

图 7-3　HBase 总体情况

对于网络数据源收到的二进制报文，解析成可入库的文本阶段，耗时不到500ms，相对于入库到HBase的时长可忽略不计。使用3台DN的Server，1小时内入库总共是1.44亿行记录，结果如表7-1所示，每5秒的20万条数据完成入库用时2秒以内。

表 7-1　数据随机写

操　　作	Row/s（行/秒）	MB/s	MB/s per node
随机写	17万	80	27

7.2 案例09：对 HBase 表的深入剖析

7.2.1 案例目标

（1）HBase表属性介绍和BlockCache配置讲解。
（2）HBase表的Compaction压缩深入剖析。

7.2.2 案例预备知识点

（1）熟悉Linux操作系统。
（2）熟悉Hadoop生态系统。
（3）熟悉Java及数据库相关知识。

7.2.3 案例环境要求

（1）硬件环境：单核CPU、4GB内存、50GB硬盘。
（2）需要能够支持系统连接网络的网络环境。
（3）系统账号：hadoop；密码：hadoop。

7.2.4 任务一：HBase 表属性和 BlockCache 配置

1. 修改 HBase 使用的 ZooKeeper 配置

步骤01 修改配置文件 hbase-env.sh，代码如下：

```
vi /home/hadoop/hbase/conf/hbase-env.sh
```

结果如图 7-4 所示。

```
hadoop@AllBigdata:~$ cat /home/hadoop/hbase/conf/hbase-env.sh
export JAVA_HOME=/usr/lib/jvm/default-java
export HBASE_CLASSPATH=/usr/local/hadoop/conf
export HBASE_MANAGES_ZK=true
```

图 7-4 修改配置文件 hbase-env.sh

HBASE_MANAGES_ZK 默认值为 True，为 False 时表示使用独立的 ZooKeeper。

步骤02 复制 ZooKeeper 的配置文件 zoo.cfg 到 HBase 的 CLASSPATH。

```
cp /usr/local/zookeeper/conf/zoo.cfg /home/hadoop/hbase/conf
```

步骤03 启动 Hadoop 服务和 history 服务，代码如下：

```
##启动Hadoop
/usr/local/hadoop/sbin/start-all.sh
##启动history
/usr/local/hadoop/sbin/mr-jobhistory-daemon.sh start historyserver
```

步骤04 启动 ZooKeeper 服务，代码如下：

```
/usr/local/zookeeper/bin/zkServer.sh
```

启动后,执行 jps,结果如图 7-5 所示。

```
hadoop@AllBigdata:~$ jps
8321 JobHistoryServer
5890 Main
2885 HRegionServer
2101 NodeManager
1606 DataNode
1976 ResourceManager
8393 Jps
2633 HQuorumPeer
1483 NameNode
2732 HMaster
1822 SecondaryNameNode
```

图 7-5 执行 jps

步骤 05 启动 HBase 服务,代码如下:

```
/home/hadoop/hbase/bin/start-hbase.sh
```

执行结果如图 7-6 所示。

```
hadoop@AllBigdata:~$ /home/hadoop/hbase/bin/start-hbase.sh
localhost: zookeeper running as process 2633. Stop it first.
master running as process 2732. Stop it first.
192.168.52.131: regionserver running as process 2885. Stop it first.
192.168.52.131: master running as process 2732. Stop it first.
hadoop@AllBigdata:~$
```

图 7-6 启动 HBase 服务

步骤 06 进入 HBase 的 Shell,并查看当前所有表,如图 7-7 所示。

```
hbase(main):042:0* list
TABLE
basic
ns:t
pentaho_mappings
phoneList
t
t_log_detail
user
7 row(s) in 0.0340 seconds

=> ["basic", "ns:t", "pentaho_mappings", "phoneList", "t", "t_log_detail", "user"]
hbase(main):043:0>
```

图 7-7 查看当前所有表

步骤 07 查看 user 表的详细信息,执行结果如图 7-8 所示。

```
hbase(main):001:0> describe 'user'
```

```
hbase(main):045:0* describe 'user'
Table user is ENABLED
user
COLUMN FAMILIES DESCRIPTION
{NAME => 'info', BLOOMFILTER => 'ROW', VERSIONS => '1', IN_MEMORY => 'false', KEEP_DELETED_CELLS => 'FALS
E', DATA_BLOCK_ENCODING => 'NONE', TTL => 'FOREVER', COMPRESSION => 'NONE', MIN_VERSIONS => '0', BLOCKCAC
HE => 'true', BLOCKSIZE => '65536', REPLICATION_SCOPE => '0'}
1 row(s) in 0.0350 seconds
```

图 7-8 查看 user 表的详细信息

2. 了解表中属性的含义

- NAME：列族名。
- BLOOMFILTER：布隆过滤器，用于对 StoreFile 的过滤，共有三种类型：行键过滤、行列过滤、值过滤器。
- VERSIONS：版本数。
- COMPRESSION => 'NONE'：压缩方式。
- MIN_VERSIONS：最小版本数。
- TTL：版本存活时间。
- BLOCKSIZE：数据块的大小，默认为 64KB。
- IN_MEMORY：激进内存，赋予一些列族在缓存中具有较高的优先级。
- BLOCKCACHE：数据块缓存，可以将常用的列族设为 True，不常使用的设为 False。
- BLOCKCACHE：数据块缓存。

HBase 上 RegionServer 的内存分为两个部分，一部分作为 MemStore，主要用于写；另一部分作为 BlockCache，主要用于读。

写请求先写入 MemStore 之后，RegionServer 会给每个 Region 提供一个 MemStore，当 MemStore 满 64MB 以后，会启动 flush 刷新到磁盘。当 MemStore 的总大小超过限制时（heapsize * HBase.regionserver.global.memstore.upperLimit * 0.9），会强行启动 flush 进程，从最大的 MemStore 开始 flush，直到低于限制值。

读请求先到 MemStore 中查找数据，查不到就到 BlockCache 中查找，再查不到就到磁盘上读，并把读的结果放入 BlockCache 中。由于 BlockCache 采用的是 LRU 策略，因此 BlockCache 达到上限（heapsize * hfile.block.cache.size * 0.85）后，会启动淘汰机制，淘汰掉最旧的一批数据。

一个 RegionServer 上有一个 BlockCache 和 N 个 MemStore，它们的大小之和不能大于等于 heapsize * 0.8，否则 HBase 不能正常启动。

默认配置下，BlockCache 为 0.2，而 MemStore 为 0.4。在注重读响应时间的应用场景下，可以将 BlockCache 设置偏大些，MemStore 设置偏小些，以加大缓存的命中率。

HBase 的 RegionServer 中包含三个级别的 Block 优先级队列，分别是 Single、Multi、InMemory。

- Single：如果一个 Block 第一次被访问，则放在这一优先级队列中。
- Multi：如果一个 Block 被多次访问，则从 Single 队列移到 Multi 队列中。
- InMemory：如果一个 Block 是 InMemory 的，则放到这个队列中。

以上将 Cache 分级的好处在于：首先，通过 InMemory 类型 Cache，可以有选择地将 in-memory 的 Column Family 放到 RegionServer 内存中，例如 meta 元数据信息；通过区分 Single 和 Multi 类型 Cache，可以防止由于 Scan 操作带来的 Cache 频繁颠簸，将最少使用的 Block 加入到淘汰算法中。

默认配置下，对于整个 BlockCache 的内存，又按照以下百分比分配给 Single、Multi、InMemory 使用，分别是 0.25、0.50 和 0.25。

注意：其中 InMemory 队列用于保存 HBase 的 Meta 表元数据信息，因此如果将数据量很大的用户表设置为 InMemory，可能会导致 Meta 表缓存失效，进而对整个集群的性能产生影响。

7.2.5 任务二：深入剖析 HBase 表的 Compaction

1. HBase Admin 详解

随着MemStore中的数据不断刷写到磁盘中，会产生越来越多的HFile文件，HBase内部有一个解决这个问题的管家机制，即用合并功能将多个文件合并成一个较大的文件。合并有两种类型，分别是minor轻量合并和 major重量合并。

minor轻量合并将多个小文件重写为数量较少的大文件，以减少存储文件的数量。这个过程实际上是个多路归并的过程，因为 HFile的每个文件都是经过归类的，所以合并速度很快，只受到磁盘IO性能的影响。

majort重量合并将一个Region中一个列族的若干个HFile重写为一个新HFile。与minor轻量合并相比，它还有更独特的功能：major轻量合并能扫描所有的键值对，顺序重写全部的数据，重写数据的过程中会略过做了删除标记的数据，断言删除此时生效。例如，对于那些超过版本号限制的数据以及生存时间到期的数据，在重写数据时就不再写入磁盘了。

HRegionServer上的StoreFile文件被后台线程监控，以确保这些文件保持在可控状态。磁盘上StoreFile的数量会随着越来越多的MemStore被刷新而增加，每次刷新都会生成一个StoreFile文件。当StoreFile数量满足一定条件时，会触发文件合并操作进行minor轻量合并，将多个比较小的StoreFile合并成一个大的StoreFile文件，直到合并的文件大到超过单个文件配置允许的最大值时，会触发一次Region的自动分割，即Region的Split操作，将一个Region平分成2个。

2. 轻量级 minor compaction

将符合条件最早生成的几个StoreFile合并成一个大的StoreFile文件，它不会删除被标记为"删除"的数据和已过期的数据，并且执行过一次minor轻量合并操作后，还会存在多个StoreFile文件。

3. 重量级 major compaction

把所有的 StoreFile合并成单一的StoreFile文件，在文件合并期间，系统会删除标记为"删除"标记的数据和过期失效的数据，同时会block所有客户端对该文件所属的Region的请求，直到合并完毕，最后删除已合并的StoreFile文件。

7.3 案例 10：HBase 集群及表的管理

7.3.1 案例目标

（1）了解HBase Master的WebUI管理。
（2）了解HBase Shell管理。

7.3.2 案例预备知识点

（1）熟悉Linux操作系统。
（2）熟悉Hadoop生态系统。

(3) 熟悉Java及数据库相关知识。

7.3.3 案例环境要求

（1）硬件环境：单核CPU、4GB内存、50GB硬盘。
（2）需要能够支持系统连接网络的网络环境。
（3）系统账号：hadoop；密码：hadoop。

7.3.4 任务一：HBase Master 的 Web UI 管理

步骤01 在浏览器地址栏中输入 http://localhost:16010，可以查看 Region 数量，如图 7-9 所示。

ServerName	Start time	Requests Per Second	Num. Regions
localhost,16020,1641350496939	Wed Jan 05 10:41:36 CST 2022	0	13
Total:1		0	13

图 7-9　查看 Region 数量

步骤02 查看内存使用情况，如图 7-10 所示。

ServerName	Used Heap	Max Heap	Memstore Size
localhost,16020,1641350496939	27m	979m	0m

图 7-10　查看内存使用情况

步骤03 查看 Store 和 StoreFile 数量，如图 7-11 所示。

ServerName	Num. Stores	Num. Storefiles	Storefile Size Uncompressed	Storefile Size	Index Size	Bloom Size
localhost,16020,1641350496939	14	9	0m	0mb	0k	0k

图 7-11　查看 StoreFile 数量

步骤04 查看 Store 合并情况，如图 7-12 所示。

ServerName	Num. Compacting KVs	Num. Compacted KVs	Remaining KVs	Compaction Progress
localhost,16020,1641350496939	73	73	0	100.00%

图 7-12　查看 Store 合并情况

步骤05 所有表信息，如果是多张表会都显示在列表中，如图 7-13 所示。

步骤06 查看 user 表的详细信息，如图 7-14 所示。

User Tables

7 table(s) in set.

Table	Description
basic	'basic', {NAME => 'info', BLOOMFILTER => 'ROW', VERSIONS => '1', IN_MEMORY => 'false', KEEP_DELETED_CELLS => 'FALSE', DATA_BLOCK_ENCODING => 'NONE', TTL => 'FOREVER', COMPRESSION => 'NONE', MIN_VERSIONS => '0', BLOCKCACHE => 'true', BLOCKSIZE => '65536', REPLICATION_SCOPE => '0'}
ns:t	'ns:t', {NAME => 'f', BLOOMFILTER => 'ROW', VERSIONS => '1', IN_MEMORY => 'false', KEEP_DELETED_CELLS => 'FALSE', DATA_BLOCK_ENCODING => 'NONE', TTL => 'FOREVER', COMPRESSION => 'NONE', MIN_VERSIONS => '0', BLOCKCACHE => 'true', BLOCKSIZE => '65536', REPLICATION_SCOPE => '0'}
pentaho_mappings	'pentaho_mappings', {NAME => 'columns', BLOOMFILTER => 'ROW', VERSIONS => '1', IN_MEMORY => 'false', KEEP_DELETED_CELLS => 'FALSE', DATA_BLOCK_ENCODING => 'NONE', TTL => 'FOREVER', COMPRESSION => 'NONE', MIN_VERSIONS => '0', BLOCKCACHE => 'true', BLOCKSIZE => '65536', REPLICATION_SCOPE => '0'}, {NAME => 'key', BLOOMFILTER => 'ROW', VERSIONS => '1', IN_MEMORY => 'false', KEEP_DELETED_CELLS => 'FALSE', DATA_BLOCK_ENCODING => 'NONE', TTL => 'FOREVER', COMPRESSION => 'NONE', MIN_VERSIONS => '0', BLOCKCACHE => 'true', BLOCKSIZE => '65536', REPLICATION_SCOPE => '0'}
phoneList	'phoneList', {NAME => 'info', BLOOMFILTER => 'ROW', VERSIONS => '1', IN_MEMORY => 'false', KEEP_DELETED_CELLS => 'FALSE', DATA_BLOCK_ENCODING => 'NONE', TTL => 'FOREVER', COMPRESSION => 'NONE', MIN_VERSIONS => '0', BLOCKCACHE => 'true', BLOCKSIZE => '65536', REPLICATION_SCOPE => '0'}

图 7-13　查看所有表的信息

Table user

Table Attributes

Attribute Name	Value	Description
Enabled	true	Is the table enabled
Compaction	NONE	Is the table compacting

Table Regions

Name	Region Server	Start Key	End Key	Locality	Requests
user,,1641295085353.cf5dd93ec9e20cbae22d895b02d6f087.	localhost:16020			1.0	1

Regions by Region Server

Region Server	Region Count
localhost:16020	1

图 7-14　查看 user 表的详细信息

步骤 07　查看所有的本地日志，如图 7-15 所示。

Directory: /logs/

SecurityAuth.audit	164939 bytes	2022-1-5 18:17:32
hbase-hadoop-1-regionserver-AllBigdata.log	226018 bytes	2022-1-4 22:09:49
hbase-hadoop-1-regionserver-AllBigdata.out	468 bytes	2022-1-4 22:08:04
hbase-hadoop-1-regionserver-AllBigdata.out.1	468 bytes	2022-1-4 16:43:57
hbase-hadoop-1-regionserver-AllBigdata.out.2	468 bytes	2022-1-4 14:41:02
hbase-hadoop-1-regionserver-dblab-VirtualBox.log	438288 bytes	2022-1-4 14:24:40
hbase-hadoop-1-regionserver-dblab-VirtualBox.out	466 bytes	2022-1-4 14:24:40
hbase-hadoop-1-regionserver-dblab-VirtualBox.out.1	466 bytes	2022-1-4 14:24:40
hbase-hadoop-1-regionserver-dblab-VirtualBox.out.2	466 bytes	2022-1-4 14:24:40
hbase-hadoop-1-regionserver-dblab-VirtualBox.out.3	197 bytes	2022-1-4 14:24:40

图 7-15　查看本地日志

步骤 08 设置和查看日志级别，如图 7-16 所示。

图 7-16 查看日志级别

步骤 09 查看 HRegionServer 的日志级别，如图 7-17 所示。

```
Results
Submitted Log Name: org.apache.hadoop.hbase.regionserver.HRegionServer
Log Class: org.apache.commons.logging.impl.Log4JLogger
Effective level: DEBUG

Get / Set
Log: org.apache.hadoop.hbase.regionserver.HRegionServer    [Get Log Level]
```

图 7-17 查看/设置日志级别

步骤 10 查看 HRegionServer 的自定义日志级别，如图 7-18 所示。

```
Log: [                                              ]    [Get Log Level]
Log: [org.apache.hadoop.hbase.regionserver.HRegionServer]  Level: [      ]  [Set Log Level]
```

图 7-18 查看自定义日志级别

步骤 11 查看 HBase 配置信息，如图 7-19 所示。

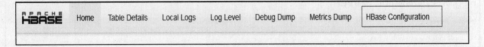

图 7-19 查看 HBase 配置信息

步骤 12 进入 HBase 的 Shell 管理集群，代码如下：

/home/hadoop/hbase/bin/hbase shell

执行结果如图 7-20 所示。

```
hadoop@AllBigdata:~$ /home/hadoop/hbase/bin/hbase shell
SLF4J: Class path contains multiple SLF4J bindings.
SLF4J: Found binding in [jar:file:/home/hadoop/hbase/lib/slf4j-log4j12-1.7.5.jar!/org/slf4j/impl/StaticLo
ggerBinder.class]
SLF4J: Found binding in [jar:file:/usr/local/hadoop/share/hadoop/common/lib/slf4j-log4j12-1.7.10.jar!/org
/slf4j/impl/StaticLoggerBinder.class]
SLF4J: See http://www.slf4j.org/codes.html#multiple_bindings for an explanation.
SLF4J: Actual binding is of type [org.slf4j.impl.Log4jLoggerFactory]
HBase Shell; enter 'help<RETURN>' for list of supported commands.
Type "exit<RETURN>" to leave the HBase Shell
Version 1.1.5, r239b80456118175b340b2e562a5568b5c744252e, Sun May  8 20:29:26 PDT 2016

hbase(main):001:0>
```

图 7-20 进入 Shell 管理集群

步骤 13 使用 help 命令查看所有命令，可以使用 tools 命令组的命令进行管理，执行结果如图 7-21 所示。

```
hbase(main):003:0* help
HBase Shell, version 1.1.5, r239b80456118175b340b2e562a5568b5c744252e, Sun May  8
Type 'help "COMMAND"', (e.g. 'help "get"' -- the quotes are necessary) for help o
Commands are grouped. Type 'help "COMMAND_GROUP"', (e.g. 'help "general"') for he

COMMAND GROUPS:
  Group name: general
  Commands: status, table_help, version, whoami

  Group name: ddl
  Commands: alter, alter_async, alter_status, create, describe, disable, disable_
ble, enable_all, exists, get_table, is_disabled, is_enabled, list, show_filters

  Group name: namespace
  Commands: alter_namespace, create_namespace, describe_namespace, drop_namespace
amespace_tables

  Group name: dml
  Commands: append, count, delete, deleteall, get, get_counter, get_splits, incr,
uncate_preserve
```

图 7-21 help 命令

步骤 14 使用 help '命令名' 查看命令的介绍及使用，代码如下：

hbase(main):001:0> help 'assign'

执行结果如图 7-22 所示。

```
hbase(main):008:0* help 'assign'
Assign a region. Use with caution. If region already assigned,
this command will do a force reassign. For experts only.
Examples:

  hbase> assign 'REGIONNAME'
  hbase> assign 'ENCODED_REGIONNAME'
hbase(main):009:0>
```

图 7-22 使用 help '命令名' 查看命令的介绍及使用

步骤 15 使用 flush '命令名' 可以针对某张表或者某个 Region 刷新，代码如下：

hbase(main)::> help 'flush'
hbase(main)::> flush 'tablename'
hbase(main)::> flush 'regionname'

结果如图 7-23 所示。

```
hbase(main):012:0* help 'flush'
Flush all regions in passed table or pass a region row to
flush an individual region.  For example:

  hbase> flush 'TABLENAME'
  hbase> flush 'REGIONNAME'
  hbase> flush 'ENCODED_REGIONNAME'
hbase(main):013:0>
```

图 7-23 使用 flush '命令名' 查看命令

步骤 16 使用合并表命令，代码如下：

```
hbbase(main):001:0> help 'compact'
hbbase(main):002:0> compact 'tablename'
```

结果如图 7-24 所示。

```
hbase(main):016:0* help 'compact'
        Compact all regions in passed table or pass a region row
        to compact an individual region. You can also compact a single column
        family within a region.
        Examples:
        Compact all regions in a table:
        hbase> compact 'ns1:t1'
        hbase> compact 't1'
        Compact an entire region:
        hbase> compact 'r1'
        Compact only a column family within a region:
        hbase> compact 'r1', 'c1'
        Compact a column family within a table:
        hbase> compact 't1', 'c1'
hbase(main):017:0>
```

图 7-24 compact 命令

步骤 17 使用分割表命令，代码如下：

```
hbase(main):001:0> help 'split'
hbase(main):002:0> split 'regionname'
```

结果如图 7-25 所示。

```
hbase(main):024:0* help 'split'
Split entire table or pass a region to split individual region.  With the
second parameter, you can specify an explicit split key for the region.
Examples:
    split 'tableName'
    split 'namespace:tableName'
    split 'regionName' # format: 'tableName,startKey,id'
    split 'tableName', 'splitKey'
    split 'regionName', 'splitKey'
hbase(main):025:0>
```

图 7-25 split 命令

步骤 18 查看是否平衡分配 Region 命令，代码如下：

```
hbase(main):001:0> help 'balance_switch'
hbase(main):002:0> balance_switch
```

结果如图 7-26 所示。

```
hbase(main):028:0* help 'balance_switch'
Enable/Disable balancer. Returns previous balancer state.
Examples:

  hbase> balance_switch true
  hbase> balance_switch false
hbase(main):029:0>
```

图 7-26 平衡分配 Region 命令

步骤 19 查看 Region 是否平衡分配命令，代码如下：

```
hbase(main):004:0> help 'balance_switch'
hbase(main):004:0> balance_switch
```

结果如图 7-27 所示。

```
hbase(main):032:0* help 'balance_switch'
Enable/Disable balancer. Returns previous balancer state.
Examples:

  hbase> balance_switch true
  hbase> balance_switch false
hbase(main):033:0>
```

图 7-27 平衡分配 region 命令

步骤20 使用 move 命令移动一个 Region 到一个 RegionServer 中，代码如下：

```
hbase(main)::> help 'move'
```

结果如图 7-28 所示。

```
hbase(main):035:0* help 'move'
Move a region. Optionally specify target regionserver else we choose one
at random. NOTE: You pass the encoded region name, not the region name so
this command is a little different to the others. The encoded region name
is the hash suffix on region names: e.g. if the region name were
TestTable,0094429456,1289497600452.527db22f95c8a9e0116f0cc13c680396. then
the encoded region name portion is 527db22f95c8a9e0116f0cc13c680396
A server name is its host, port plus startcode. For example:
host187.example.com,60020,1289493121758
Examples:

  hbase> move 'ENCODED_REGIONNAME'
  hbase> move 'ENCODED_REGIONNAME', 'SERVER_NAME'
hbase(main):036:0>
```

图 7-28 move 命令

7.3.5 任务二：HBase 的 Shell 管理

步骤01 删除 HBase 表：在删除表的时候首先需要禁用表后才能进行删除，因为它正在被 RegionServer 管理，需要先解除管理，禁用表 disable tablename，之后再删除表 drop tablename，执行结果如图 7-29 所示。

```
hbase(main):043:0> disable 't'
0 row(s) in 59.1780 seconds

hbase(main):044:0> drop 't'
0 row(s) in 2.5460 seconds
```

图 7-29 禁用和删除表

步骤02 使用 HBase 的 Shell 管理数据：在 HBase Shell 中使用 Java 类，在前面创建预分区的时候，可以使用指定的 Java 类创建预分区，预分区命令用法如图 7-30 所示。

```
hbase(main)::> help 'create'
```

```
hbase(main):045:0> help'create'
Creates a table. Pass a table name, and a set of column family
specifications (at least one), and, optionally, table configuration.
Column specification can be a simple string (name), or a dictionary
(dictionaries are described below in main help output), necessarily
including NAME attribute.
Examples:

Create a table with namespace=ns1 and table qualifier=t1
  hbase> create 'ns1:t1', {NAME => 'f1', VERSIONS => 5}

Create a table with namespace=default and table qualifier=t1
  hbase> create 't1', {NAME => 'f1'}, {NAME => 'f2'}, {NAME => 'f3'}
  hbase> # The above in shorthand would be the following:
  hbase> create 't1', 'f1', 'f2', 'f3'
  hbase> create 't1', {NAME => 'f1', VERSIONS => 1, TTL => 2592000, BLOCKCACHE =>
 true}
  hbase> create 't1', {NAME => 'f1', CONFIGURATION => {'hbase.hstore.blockingStor
eFiles' => '10'}}
```

图 7-30 预分区命令

步骤 03 数据函数：count 函数用于统计表的行数，代码如下：

```
hbase(main)::> count 'user'
hbase(main)::> scan 'user'
```

执行结果如图 7-31 所示。

```
hbase(main):050:0* count 'user'
2 row(s) in 0.4710 seconds

=> 2
hbase(main):051:0> scan 'user'
ROW                   COLUMN+CELL
 1003                 column=info:age, timestamp=1641351544780, value=20
 lisi                 column=info:address, timestamp=1641295126805, value=fujian
 lisi                 column=info:age, timestamp=1641295108489, value=20
 lisi                 column=info:name, timestamp=1641295102216, value=lisi
 lisi                 column=info:sex, timestamp=1641295119500, value=man
2 row(s) in 0.0460 seconds
```

图 7-31　统计命令

7.3.6　任务三：HBase 的其他管理操作

步骤 01 检查集群状态：在 HBase 的安装目录下，使用 HBase 的 hbck 命令检查集群状态，结果会显示每张表的 Region 状态，代码如下：

```
/home/hadoop/hbase/bin/hbase hbck
```

执行结果如图 7-32 所示。

```
hadoop@AllBigdata:~$ /home/hadoop/hbase/bin/hbase hbck
OpenJDK 64-Bit Server VM warning: ignoring option PermSize=128m; support was remo
ved in 8.0
OpenJDK 64-Bit Server VM warning: ignoring option MaxPermSize=128m; support was r
emoved in 8.0
SLF4J: Class path contains multiple SLF4J bindings.
SLF4J: Found binding in [jar:file:/home/hadoop/hbase/lib/slf4j-log4j12-1.7.5.jar!
/org/slf4j/impl/StaticLoggerBinder.class]
SLF4J: Found binding in [jar:file:/usr/local/hadoop/share/hadoop/common/lib/slf4j
-log4j12-1.7.10.jar!/org/slf4j/impl/StaticLoggerBinder.class]
SLF4J: See http://www.slf4j.org/codes.html#multiple_bindings for an explanation.
SLF4J: Actual binding is of type [org.slf4j.impl.Log4jLoggerFactory]
HBaseFsck command line options:
2022-01-05 18:38:25,225 INFO  [main] util.HBaseFsck: Launching hbck
2022-01-05 18:38:25,454 INFO  [main] zookeeper.RecoverableZooKeeper: Process iden
tifier=hconnection-0xa307a8c connecting to ZooKeeper ensemble=localhost:2181
2022-01-05 18:38:25,475 INFO  [main] zookeeper.ZooKeeper: Client environment:zook
eeper.version=3.4.6-1569965, built on 02/20/2014 09:09 GMT
```

图 7-32　HBase 的 hbck 命令

步骤 02 查看 hbck 命令：当 Region 出现问题时，可以使用 hbck 进行修复，代码如下：

```
/home/hadoop/hbase/bin/hbase hbck -help
```

执行结果如图 7-33 所示。

步骤 03 对 HFile 文件的一些操作：命令如下：

```
/home/hadoop/hbase/bin/hbase hfile
```

输出结果如图 7-34 所示。

```
hadoop@AllBigdata:~$ /home/hadoop/hbase/bin/hbase hbck -help
OpenJDK 64-Bit Server VM warning: ignoring option PermSize=128m; support was remo
ved in 8.0
OpenJDK 64-Bit Server VM warning: ignoring option MaxPermSize=128m; support was r
emoved in 8.0
SLF4J: Class path contains multiple SLF4J bindings.
SLF4J: Found binding in [jar:file:/home/hadoop/hbase/lib/slf4j-log4j12-1.7.5.jar!
/org/slf4j/impl/StaticLoggerBinder.class]
SLF4J: Found binding in [jar:file:/usr/local/hadoop/share/hadoop/common/lib/slf4j
-log4j12-1.7.10.jar!/org/slf4j/impl/StaticLoggerBinder.class]
SLF4J: See http://www.slf4j.org/codes.html#multiple_bindings for an explanation.
SLF4J: Actual binding is of type [org.slf4j.impl.Log4jLoggerFactory]
Usage: fsck [opts] {only tables}
 where [opts] are:
   -help Display help options (this)
   -details Display full report of all regions.
   -timelag <timeInSeconds>  Process only regions that  have not experienced any
metadata updates in the last  <timeInSeconds> seconds.
   -sleepBeforeRerun <timeInSeconds> Sleep this many seconds before checking if t
he fix worked if run with -fix
```

图 7-33　HBase 的 hbck 修复命令

```
hadoop@AllBigdata:~$ /home/hadoop/hbase/bin/hbase hfile
SLF4J: Class path contains multiple SLF4J bindings.
SLF4J: Found binding in [jar:file:/home/hadoop/hbase/lib/slf4j-log4j12-1.7.5.jar!
/org/slf4j/impl/StaticLoggerBinder.class]
SLF4J: Found binding in [jar:file:/usr/local/hadoop/share/hadoop/common/lib/slf4j
-log4j12-1.7.10.jar!/org/slf4j/impl/StaticLoggerBinder.class]
SLF4J: See http://www.slf4j.org/codes.html#multiple_bindings for an explanation.
SLF4J: Actual binding is of type [org.slf4j.impl.Log4jLoggerFactory]
usage: HFile [-a] [-b] [-e] [-f <arg> | -r <arg>] [-h] [-k] [-m] [-p]
       [-s] [-v] [-w <arg>]
 -a,--checkfamily        Enable family check
 -b,--printblocks        Print block index meta data
 -e,--printkey           Print keys
 -f,--file <arg>         File to scan. Pass full-path; e.g.
                         hdfs://a:9000/hbase/hbase:meta/12/34
 -h,--printblockheaders  Print block headers for each block.
 -k,--checkrow           Enable row order check; looks for out-of-order
                         keys
 -m,--printmeta          Print meta data of file
```

图 7-34　HBase 的 hfile 命令

步骤 04　对 HLog 文件的一些操作：命令如下：

/home/hadoop/hbase/bin/hbase hlog

输出结果如图 7-35 所示。

```
hadoop@AllBigdata:~$ /home/hadoop/hbase/bin/hbase hlog
usage: WAL <filename...> [-h] [-j] [-p] [-r <arg>] [-s <arg>] [-w <arg>]
 -h,--help              Output help message
 -j,--json              Output JSON
 -p,--printvals         Print values
 -r,--region <arg>      Region to filter by. Pass encoded region name; e.g.
                        '9192caead6a5a20acb4454ffbc79fa14'
 -s,--sequence <arg>    Sequence to filter by. Pass sequence number.
 -w,--row <arg>         Row to filter by. Pass row name.
hadoop@AllBigdata:~$
```

图 7-35　HBase 的 hlog 命令

7.4 习　　题

（1）进入HBase命令是什么？
（2）建立一个表格scores，使其具有两个列族grad和courese。
（3）查看当前HBase中具有哪些表？
（4）查看表构造的命令是什么？
（5）加入一行数据，RowKey为Tom，列族grad的值为1。
（6）给Tom这一行的数据的列族添加一列 <math,87>。
（7）加入一行数据，RowKey为Jerry，列族grad的值为2。
（8）给Jerry这一行的数据的列族添加一列<math,100>。
（9）给Jerry这一行的数据的列族添加一列<art,80>。
（10）查看scores表中Tom的相关数据。

第 8 章

HBase 项目实战——论坛日志分析

本章将讲解一个完整的论坛日志分析项目,通过此项目把本书讲解的大部分大数据工具和框架的知识点串联起来,并综合运用大数据生态系统的相关知识,实现数据分析的目的。

8.1 项目背景

当前社会广泛使用的信息系统中,会产生大量的日志数据,在访问和管理服务器时,服务器的日志会记录一些相关操作信息和内容,服务器的操作日志价值非常高。这些数据需要进行审核,若发现存在某些恶意访问,比如爬虫、恶意攻击等,需要保存这些数据,再进行处理和分析。

此项目的业务应用场景不仅限于:发现哪些频繁的用户登录,可能是恶意破坏网站;哪些用户登录的时长特别长,表示这些用户是黏性用户;哪些用户平均每月登录次数超过一定次数,表示老用户。可以针对这些用户做360°无死角的个性化标签,再有针对性地推出个性化的营销策略。

8.2 项目设计目的

本章的日志分析项目包含Linux、HDFS、MySQL、Sqoop、HBase、Hive、Kettle、IDEA、Echarts等语言和工具的基本使用方法。此项目将大部分大数据工具和框架的知识点串联起来。通过此项目,可以学习到大数据生态系统的综合运用,实现数据的所有操作,即通过实现此项目达到如下目的:

- 熟悉 HBase、Linux、HDFS、MySQL、Sqoop 等软件的安装与使用。
- 熟悉在 Linux 环境下将数据从本地上传到 HDFS 的过程。
- 了解 MySQL 建表等操作。

- 了解 Sqoop 的数据操作。
- 了解 HBase 创建表的过程。
- 了解 Hive 数据仓库的基本操作。
- 使用 Kettle 实现简单的 ETL 过程。
- 了解 ECharts 开发语言。
- 使用 ECharts 编写可视化程序。

8.3 项目技术架构和组成

此项目实现的功能是将收集到的日志数据上传到HDFS中，把明细数据保存到HBase，把数据存储到Hive中，之后再进一步使用Hive对数据进行分析，最后使用Python对数据进行可视化展示。项目架构如图8-1所示。

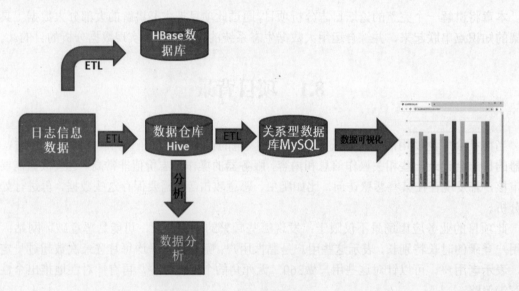

图 8-1　项目架构

本项目技术组成包括：CentOS7、关系型数据库MySQL 5.7版本、HDFS、Kettle 8.2、数据仓库Hive、NoSQL数据库HBase、ETL工具Sqoop、编程工具IDEA、可视化工具ECharts。

8.4 项目任务分解

8.4.1 任务一：在 Linux 中上传数据到 HDFS

先将数据文件上传到Linux中，上传数据到Linux环境如图8-2所示。

保证Hadoop的HDFS已经启动，将Linux的数据上传到HDFS中，将文件上传到HDFS代码如下：

```
#查看hdfs目录
hadoop fs -ls /
#若已经有input_log则先删除
hadoop fs -rmr /input_log
#新建HDFS目录
hadoop fs -mkdir /input_log
#上传本地Linux的例子数据文件到HDFS目录
hadoop fs -put /home/hadoop/data/example_data.log /input_log
#上传本地Linux的真实数据文件到HDFS目录
hadoop fs -put /home/hadoop/data/log_2021-05-01.txt /input_log
#上传本地Linux的真实数据文件到HDFS目录
hadoop fs -put /home/hadoop/data/log_2021-05-02.txt /input_log
#上传本地Linux的真实数据文件到HDFS目录
hadoop fs -put /home/hadoop/data/log_2021-05-03.txt /input_log
#上传本地Linux的真实数据文件到HDFS目录
hadoop fs -put /home/hadoop/data/log_2021-05-04.txt /input_log
#查看input目录，确认文件
hadoop fs -ls /input_log
```

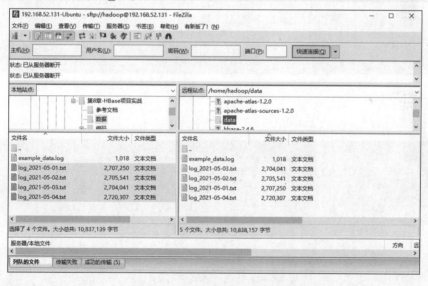

图 8-2　上传数据到 Linux 环境中

上传数据的操作结果如图 8-3 所示。

图 8-3　上传数据操作结果

8.4.2 任务二：使用 MapReduce 进行数据清洗

步骤 01 新建 Maven 工程。打开 Intellij IDEA 工具，选择 new→Project→Maven，单击 Next 按钮，输入 GroupId、ArtifactId，单击 Next 按钮，新建 Maven 程序工程如图 8-4 所示。

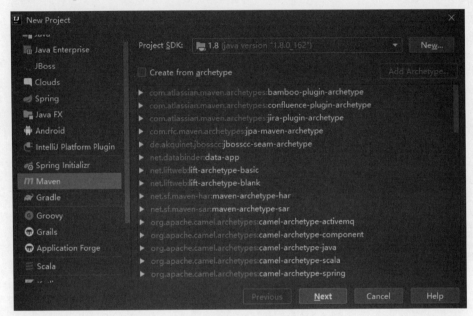

图 8-4 新建 Maven 程序工程

步骤 02 设置工程名称。单击 Finish 按钮，如图 8-5 所示。

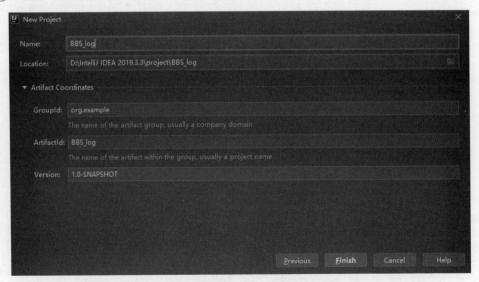

图 8-5 设置工程名称

步骤 03 设置文件属性。进入"…\project\BBS_log\src"目录，删除"test"文件夹，修改"/main"文件夹为"/BBS_log"，再进入 File→Project Structure→Modules，修改"src"为 resources 属性，如图 8-6 所示。

第 8 章 HBase 项目实战——论坛日志分析

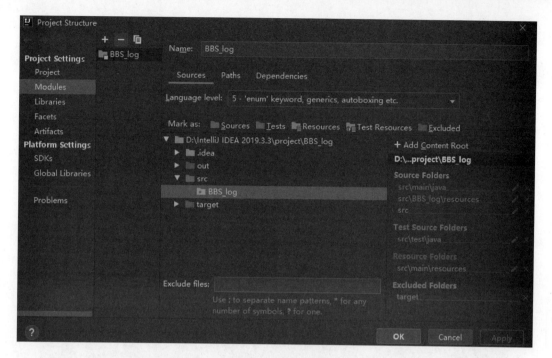

图 8-6 设置文件属性

步骤 04 编写 Java 代码。在 src 下面新建 Java 程序（执行 new→Java Class），编写数据清洗的 Java 代码，如图 8-7 所示。

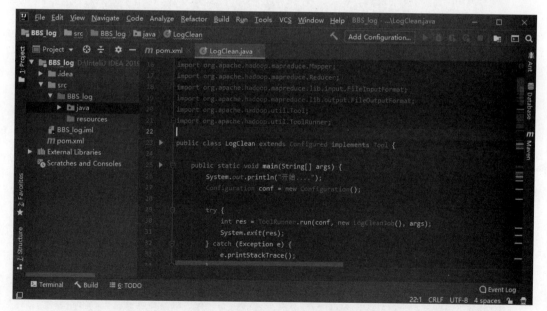

图 8-7 编写 Java 代码

步骤 05 修改 pom.xml 文件，并执行 Import Changes，把对应的组件下载到项目工程内，修改 pom.xml 文件结果如图 8-8 所示。

步骤 06 添加 Artifact 包。进入 File→Project Structure→Artifacts，找到对应的 Main 的 Class 文件，把不要的包 remove 掉，添加 Artifact 包结果如图 8-9 所示。

133

图 8-8 修改 pom.xml 文件

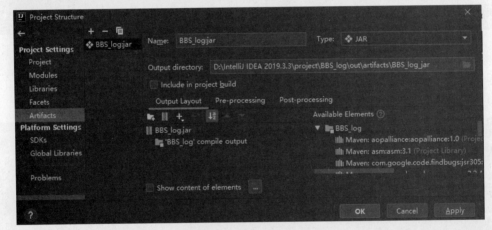

图 8-9 添加 Artifact 包

步骤 07 生成 Artifact 包。单击 Build→Build Artifact→BBS_log:jar→Build，表示生成指定的 jar 包文件，结果如图 8-10 所示。

图 8-10 生成 Artifact 包

8.4.3 任务三：在 Linux 上执行 MR 数据清洗

步骤 01 使用 SFTP 工具上传文件，在"文件→管理器→新站点"中输入 IP 地址等信息，单击连接按钮，传输 jar 包到/home/hadoop/BBS_log 目录下，如图 8-11 所示。

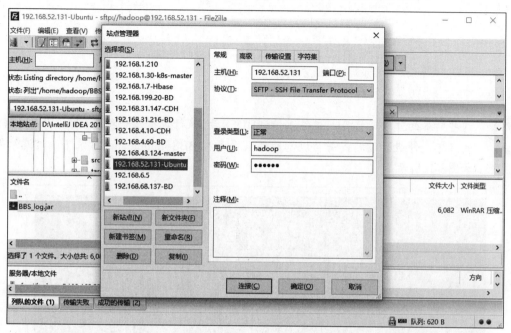

图 8-11　上传 jar 包

步骤 02 进入到远程环境，使用 XShell 工具，进入到 Hadoop 开发环境，确保 HDFS 是正常状态，结果如图 8-12 所示。

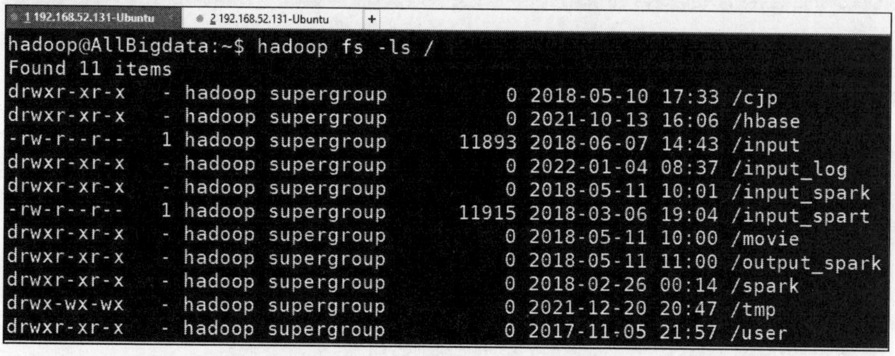

图 8-12　确保 HDFS 是正常状态

步骤 03 执行 MR 程序，确保 Hadoop 是正常状态后，执行以下命令：

```
#先查看结果目录，此目录没有数据文件
$hadoop fs -ls /BBS_log/cleaned
#执行MR的程序
$hadoop jar /home/hadoop/BBS_log/BBS_log.jar BBS_log.LogClean /input_log/example_data.log /BBS_log/cleaned/example
```

```
    $hadoop jar /home/hadoop/BBS_log/BBS_log.jar  BBS_log.LogClean
/input_log/log_2021-05-01.txt  /BBS_log/cleaned/2021-05-01
    $hadoop jar /home/hadoop/BBS_log/BBS_log.jar  BBS_log.LogClean
/input_log/log_2021-05-02.txt /BBS_log/cleaned/2021-05-02
    $hadoop jar /home/hadoop/BBS_log/BBS_log.jar  BBS_log.LogClean
/input_log/log_2021-05-03.txt  /BBS_log/cleaned/2021-05-03
    $hadoop jar /home/hadoop/BBS_log/BBS_log.jar  BBS_log.LogClean
/input_log/log_2021-05-04.txt  /BBS_log/cleaned/2021-05-04
    #再次查看结果目录,此目录是有数据文件
    $hadoop fs -ls /BBS_log/cleaned
```

这些脚本的作用是将日志文件上传到HDFS后,执行数据清理程序,对已存入HDFS的日志文件进行过滤,并将过滤后的数据存入/BBS_log/cleaned目录下,过滤结果如图8-13所示。

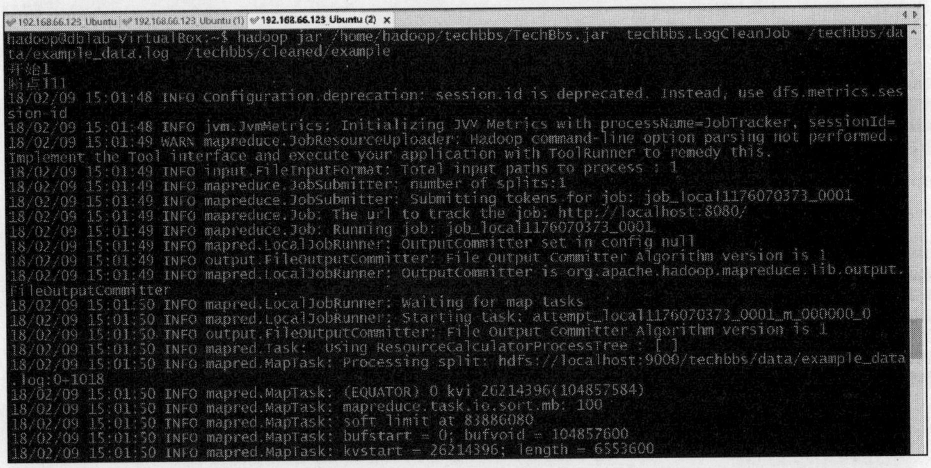

图 8-13 过滤结果

步骤04 查看结果数据。程序执行成功后,执行以下命令查看执行结果。

```
#查看结果目录,此目录中有数据文件
$hadoop fs -ls /BBS_log/cleaned/example
#查看结果数据
$hadoop fs -cat /BBS_log/cleaned/example/part-r-00000
```

步骤05 对比源文件数据和目标文件数据,针对每个字段基本都做了过滤和清洗的操作,把有用的数据保存到 HDFS 中,源文件数据如图 8-14 所示。

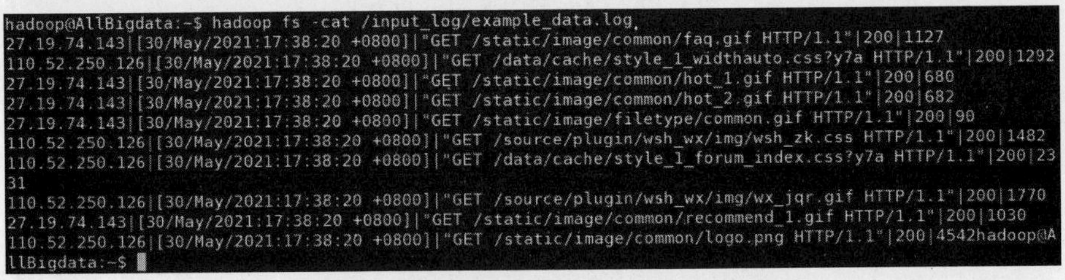

图 8-14 源文件数据

8.4.4 任务四：使用 Hive 访问存放在 HDFS 的数据

步骤 01 建立一张 Hive 表，需要将数据存入 Hive 中。需要注意映射 HDFS 的位置，数据文件存放的位置是在/input_log 中，则执行脚本代码如下：

```
##创建数据表
create database log;
##使用此数据库
use log;
##如果表存在，先删除表
drop table t_log ;
##创建表，指定HDFS数据存放路径
create external table t_log(ip string,time string,url_address string) row format delimited fields terminated by '|' location '/input_log';
##查询表数据
select * from t_log limit 10;
```

脚本执行结果如图 8-15 所示。

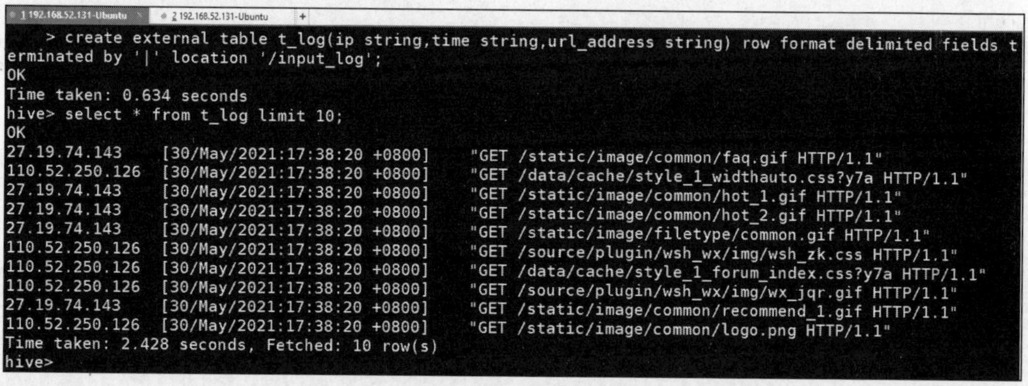

图 8-15　脚本执行结果

步骤 02 使用 Hive，统计用户对页面访问量 PageViews，简称为 PV。PV 指所有用户浏览页面的综合值，一个用户每打开一个页面就会被记录。下面尝试运行脚本：

```
###创建Hive表
create table t_log_pv as select count(1) as pv from t_log;
##查看t_log_pv表数据
select * from t_log_pv;
```

创建 Hive 表执行结果如图 8-16 所示。

步骤 03 使用 Hive 语言，统计用户个数 RegisteredUsers，以下统称 RU，表示用户对注册页面的总访问次数。运行以下脚本：

```
##如果存在此表，先删除表
drop table t_log_ru ;
##创建Hive表
create table t_log_ru as select count(1) as reguser from t_log where url_address like "%register%" ;
```

```
##查看统计用户个数表数据
select * from t_log_ru;
```

创建统计用户个数脚本，执行结果如图 8-17 所示。

```
1 192.168.52.131-Ubuntu    2 192.168.52.131-Ubuntu
    > create table t_log_pv as select count(1) as pv from t_log;
WARNING: Hive-on-MR is deprecated in Hive 2 and may not be available in the future versions. Consider usi
ng a different execution engine (i.e. spark, tez) or using Hive 1.X releases.
Query ID = hadoop_20220104103056_88ae8288-797d-4ebb-8ed5-dd98346969c9
Total jobs = 1
Launching Job 1 out of 1
Number of reduce tasks determined at compile time: 1
In order to change the average load for a reducer (in bytes):
  set hive.exec.reducers.bytes.per.reducer=<number>
In order to limit the maximum number of reducers:
  set hive.exec.reducers.max=<number>
In order to set a constant number of reducers:
  set mapreduce.job.reduces=<number>
Job running in-process (local Hadoop)
2022-01-04 10:30:59,618 Stage-1 map = 0%,  reduce = 0%
2022-01-04 10:31:02,657 Stage-1 map = 100%,  reduce = 100%
Ended Job = job_local1927112568_0001
Moving data to directory hdfs://AllBigdata:8020/user/hive/warehouse/log.db/t_log_pv
MapReduce Jobs Launched:
Stage-Stage-1:  HDFS Read: 11052818 HDFS Write: 74 SUCCESS
Total MapReduce CPU Time Spent: 0 msec
OK
Time taken: 6.43 seconds
hive> select * from t_log_pv;
OK
50008
```

图 8-16　创建 Hive 表

```
    > create table t_log_ru as select count(1) as reguser from t_log where url_address like "%register%"
;
WARNING: Hive-on-MR is deprecated in Hive 2 and may not be available in the future versions. Consider usi
ng a different execution engine (i.e. spark, tez) or using Hive 1.X releases.
Query ID = hadoop_20220104104737_0df407c4-2c4e-428c-803f-d8087af45804
Total jobs = 1
Launching Job 1 out of 1
Number of reduce tasks determined at compile time: 1
In order to change the average load for a reducer (in bytes):
  set hive.exec.reducers.bytes.per.reducer=<number>
In order to limit the maximum number of reducers:
  set hive.exec.reducers.max=<number>
In order to set a constant number of reducers:
  set mapreduce.job.reduces=<number>
Job running in-process (local Hadoop)
2022-01-04 10:47:39,251 Stage-1 map = 100%,  reduce = 100%
Ended Job = job_local1919668325_0003
Moving data to directory hdfs://AllBigdata:8020/user/hive/warehouse/log.db/t_log_ru
MapReduce Jobs Launched:
Stage-Stage-1:  HDFS Read: 43552128 HDFS Write: 359 SUCCESS
Total MapReduce CPU Time Spent: 0 msec
OK
Time taken: 2.234 seconds
hive> select * from t_log_ru;
OK
38
```

图 8-17　创建统计用户个数表数据

步骤 04 使用 Hive 语言，统计访问的 IP 数量。统计某个时间段内，访问页面的不同 IP 个数综合，同一 IP 访问多次时仅记录一次，独立 IP 均算作一位用户，此时，仅需将日志中不同的 IP 统计出来，尝试执行如下命令：

```
##如果存在此表，先删除表
drop table t_log_ip ;
##创建 t_log_ip 数据表
```

```
create table t_log_ip as select count (distinct ip) as IP from t_log;
##查看t_log_ip 数据表
select * from t_log_ip;
```

统计访问 IP 数量执行结果如图 8-18 所示。

```
hive> create table t_log_ip as select count (distinct ip) as IP from t_log;
WARNING: Hive-on-MR is deprecated in Hive 2 and may not be available in the future versions. Consider usi
ng a different execution engine (i.e. spark, tez) or using Hive 1.X releases.
Query ID = hadoop_20220104104902_396c09a5-4367-48d9-ac1d-3def9e828560
Total jobs = 1
Launching Job 1 out of 1
Number of reduce tasks determined at compile time: 1
In order to change the average load for a reducer (in bytes):
  set hive.exec.reducers.bytes.per.reducer=<number>
In order to limit the maximum number of reducers:
  set hive.exec.reducers.max=<number>
In order to set a constant number of reducers:
  set mapreduce.job.reduces=<number>
Job running in-process (local Hadoop)
2022-01-04 10:49:04,430 Stage-1 map = 100%,  reduce = 100%
Ended Job = job_local1008738758_0004
Moving data to directory hdfs://AllBigdata:8020/user/hive/warehouse/log.db/t_log_ip
MapReduce Jobs Launched:
Stage-Stage-1:  HDFS Read: 54379832 HDFS Write: 503 SUCCESS
Total MapReduce CPU Time Spent: 0 msec
OK
Time taken: 1.672 seconds
hive> select * from t_log_ip;
OK
1941
Time taken: 0.069 seconds, Fetched: 1 row(s)
```

图 8-18　统计访问 IP 数量

8.4.5　任务五：使用 Kettle 将数据存储到 HBase

步骤 01　进入 HBase Shell 创建 t_log_detail 表，并设置 CF 列族，执行的命令语句如下：

```
##进入到HBase的界面
hbase shell
##创建HBase的表
hbase:001:0> create 't_log_detail', 'CF';
```

这里使用 HBase 存储详细的日志数据，达到能够利用 IP 和时间进行明细数据查询的目标，执行结果如图 8-19 所示。

```
hbase(main):004:0> create 't_log_detail', 'CF';
hbase(main):005:0* list
0 row(s) in 1.4510 seconds

TABLE
t_log_detail
1 row(s) in 0.0510 seconds

=> ["t_log_detail"]
hbase(main):006:0> desc 't_log_detail'
Table t_log_detail is ENABLED
t_log_detail
COLUMN FAMILIES DESCRIPTION
{NAME => 'CF', BLOOMFILTER => 'ROW', VERSIONS => '1', IN_MEMORY => 'false', KEEP_
, DATA_BLOCK_ENCODING => 'NONE', TTL => 'FOREVER', COMPRESSION => 'NONE', MIN_VER
 => 'true', BLOCKSIZE => '65536', REPLICATION_SCOPE => '0'}
1 row(s) in 0.1780 seconds
```

图 8-19　创建 t_log_detail 表

步骤 02 使用 XShell 登录到服务器上，进入到 Kettle 编辑界面，打开 Kettle 这个 ETL 数据处理工具，新建 1 个空白的转换，Kettle 是由转换和作业组成，转换表示实际数据处理的过程，比如数据过滤、数据组合、增加、修改等功能。Kettle 界面如图 8-20 所示。

```
cd /home/hadoop/data-integration
./spoon.sh
```

图 8-20　Kettle 界面

步骤 03 从"Big Data"菜单中拖曳 1 个"Hadoop File Input"组件到设计区域，并进行编辑，各个属性的设置如下：

```
Environment选择：<Static>;
##File/Folder设置为：
hdfs://hadoop:hadoop@127.0.0.1:8020/input_log/example_data.log
```

 说明　hadoop:hadoop表示登录Linux操作系统的用户名和密码，Kettle设置结果如图8-21所示。

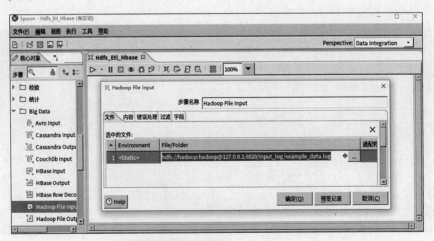

图 8-21　Kettle 设置结果

第 8 章 HBase 项目实战——论坛日志分析

注意分隔符要以"|"隔开，如图 8-22 所示。

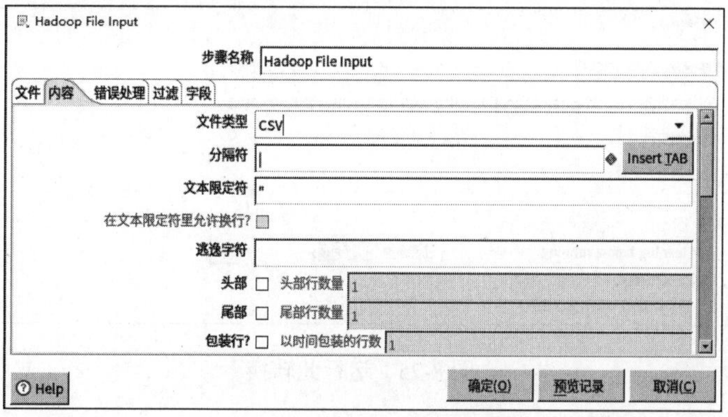

图 8-22 文件输入设置的内容

步骤 04 从"Big Data"菜单中拖曳一个"HBase Output"组件到设计区域里，再进行属性设置，配置如图 8-23 所示。

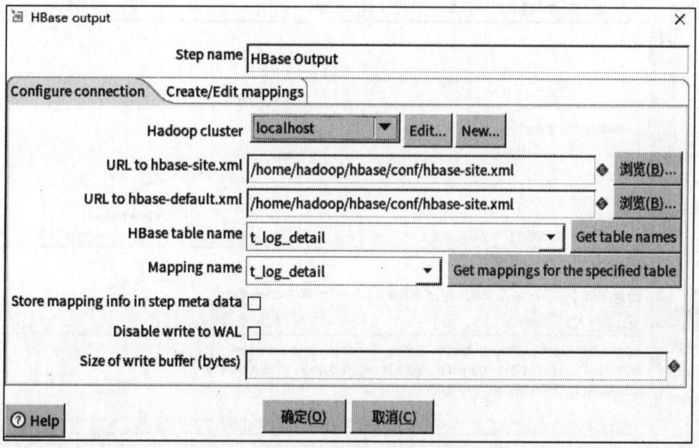

图 8-23 HBase Output 设置界面

HBase 映射配置如图 8-24 所示。

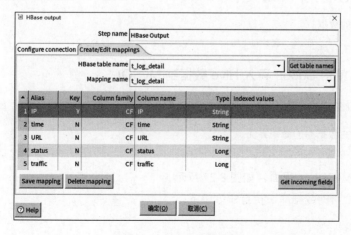

图 8-24 HBase 映射配置

步骤 05 单击菜单上的 ▷ 按钮运行此转换，转换配置信息如图 8-25 所示。

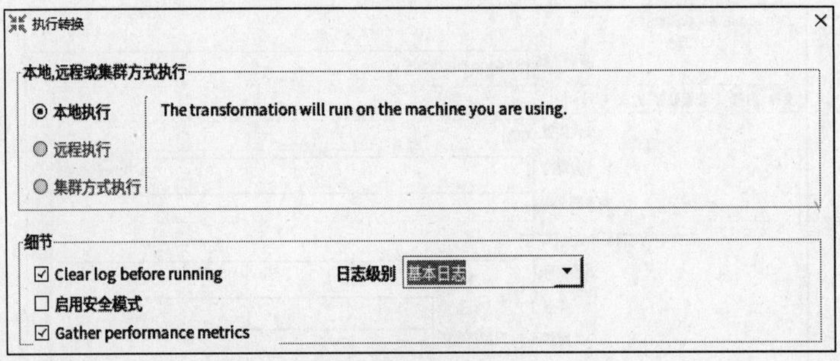

图 8-25　运行此转换

步骤 06 查看运行结果，如图 8-26 所示。

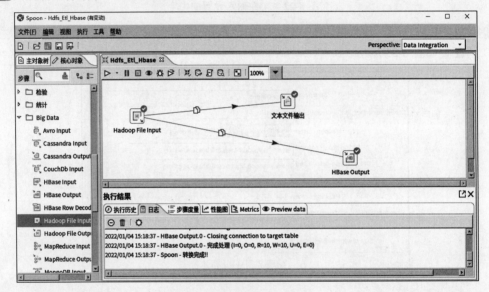

图 8-26　查看运行结果

步骤 07 查看结果数据是否正确，运行下面命令：

```
##查看HBase的数据
$hbase> scan 't_log_detail';
```

8.4.6　任务六：使用 Sqoop 导入 Hive 数据到 MySQL

步骤 01 输入下面的命令，再输入密码"123456"后按回车键，即可进入数据库：

```
##登录到MySQL数据库的命令界面
$mysql -u root -p
```

登录到 MySQL 的界面，如图 8-27 所示。

步骤 02 创建 1 个新的数据库，执行命令如下：

```
#创建数据库脚本
CREATE DATABASE log;
```

```
hadoop@AllBigdata:~/data-integration$ mysql -u root -p
Enter password:
Welcome to the MySQL monitor.  Commands end with ; or \g.
Your MySQL connection id is 4
Server version: 5.7.33-0ubuntu0.16.04.1 (Ubuntu)

Copyright (c) 2000, 2021, Oracle and/or its affiliates.

Oracle is a registered trademark of Oracle Corporation and/or its
affiliates. Other names may be trademarks of their respective
owners.

Type 'help;' or '\h' for help. Type '\c' to clear the current input statement.
mysql>
```

图 8-27　登录 MySQL

步骤 03　创建 1 张数据汇总表，执行命令如下：

```
#创建表，包括日期、浏览总数量、注册用户数、IP总数等
DROP TABLE IF EXISTS log.t_log_all;
CREATE TABLE log.t_log_all (
  time varchar(20) NOT NULL COMMENT '日期',
  pv_num int(20) DEFAULT NULL COMMENT '浏览总数量',
  user_num int(20) DEFAULT NULL COMMENT '注册用户数',
  ip_num int(20) DEFAULT NULL COMMENT 'IP总数',
  url_num int(20) DEFAULT NULL,
  PRIMARY KEY (time)
) ENGINE=InnoDB DEFAULT CHARSET=utf8;
```

步骤 04　把用 Hive 产生的表导出到 MySQL 里面，导出执行脚本如下：

```
##导出脚本
$sqoop export --connect jdbc:mysql://localhost:3306/log --username root
--password 123456 --table t_log_all --export-dir /user/hive/warehouse/t_log_all/
part-m-00000 --input-fields-terminated-by '\0001'
##说明：这里的--export-dir是指定的Hive目录下的表所在的位置
```

8.4.7　任务七：使用 ECharts 实现可视化

步骤 01　使用 IDEA 工具新建 1 个 Maven 工程，如图 8-28 所示。

步骤 02　新建 1 个 application.yml 文件，并写入代码如下：

```
server:
  port: 8088
spring:
  datasource:
    driver-class-name: com.mysql.cj.jdbc.Driver
    url: jdbc:mysql://192.168.52.131:3306/log?useUnicode=
true&characterEncoding=UTF-8&serverTimezone=Asia/Shanghai&zeroDateTimeBehavior
=CONVERT_TO_NULL
    username: root
    password: 123456
  web:
```

```
    resources:
      static-locations: classpath:/templates/, classpath:/static/
```

配置界面如图 8-29 所示。

图 8-28　新建 Maven 工程

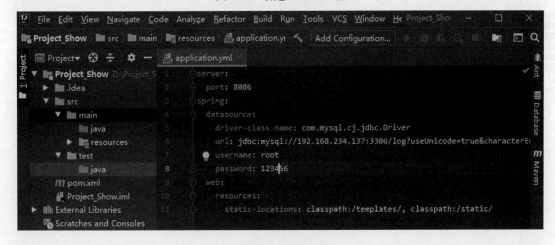

图 8-29　新建 application.yml 文件

步骤 03　修改 pom.xml 文件，写入代码如下：

```
<?xml version="1.0" encoding="UTF-8"?>
<project xmlns="http://maven.apache.org/POM/4.0.0"
xmlns:xsi="http://www.w3.org/2001/XMLSchema-instance"
         xsi:schemaLocation="http://maven.apache.org/POM/4.0.0
https://maven.apache.org/xsd/maven-4.0.0.xsd">
    <modelVersion>4.0.0</modelVersion>
    <parent>
```

```xml
        <groupId>org.springframework.boot</groupId>
        <artifactId>spring-boot-starter-parent</artifactId>
        <version>2.6.1</version>
</parent>
<groupId>com.example</groupId>
<artifactId>demo</artifactId>
<version>0.0.1-SNAPSHOT</version>
<name>demo</name>
<description>Demo project for Spring Boot</description>
<properties>    <java.version>1.8</java.version>   </properties>
<dependencies>
    <dependency>
        <groupId>org.springframework.boot</groupId>
        <artifactId>spring-boot-starter-web</artifactId>
    </dependency>
    <dependency>
        <groupId>org.mybatis.spring.boot</groupId>
        <artifactId>mybatis-spring-boot-starter</artifactId>
        <version>2.2.0</version>
    </dependency>
    <dependency>
        <groupId>mysql</groupId>
        <artifactId>mysql-connector-java</artifactId>
        <scope>runtime</scope>
    </dependency>
    <dependency>
        <groupId>org.springframework.boot</groupId>
        <artifactId>spring-boot-starter-test</artifactId>
        <scope>test</scope>
    </dependency>
    <dependency>
        <groupId>com.baomidou</groupId>
        <artifactId>mybatis-plus-boot-starter</artifactId>
        <version>3.1.2</version>
    </dependency>
    <dependency>
        <groupId>mysql</groupId>
        <artifactId>mysql-connector-java</artifactId>
    </dependency>
    <dependency>
        <groupId>org.projectlombok</groupId>
        <artifactId>lombok</artifactId>
        <version>1.18.4</version>
    </dependency>
</dependencies>
<build>
    <plugins>
```

```xml
        <plugin>
            <groupId>org.springframework.boot</groupId>
            <artifactId>spring-boot-maven-plugin</artifactId>
        </plugin>
    </plugins>
</build>
</project>
```

修改 pom.xml 文件如图 8-30 所示，单击 Maven→Download Sources。

图 8-30 修改 pom.xml 文件

步骤 04 新建几个程序包，并分别编写 controller、dao、entity、service 等层的程序，编写 DemoApplication.java 代码如下：

```java
package com;
import org.springframework.boot.SpringApplication;
import org.springframework.boot.autoconfigure.SpringBootApplication;
@SpringBootApplication
public class DemoApplication {
    public static void main(String[] args) {
        SpringApplication.run(DemoApplication.class, args);
    }
}
```

结果如图 8-31 所示。

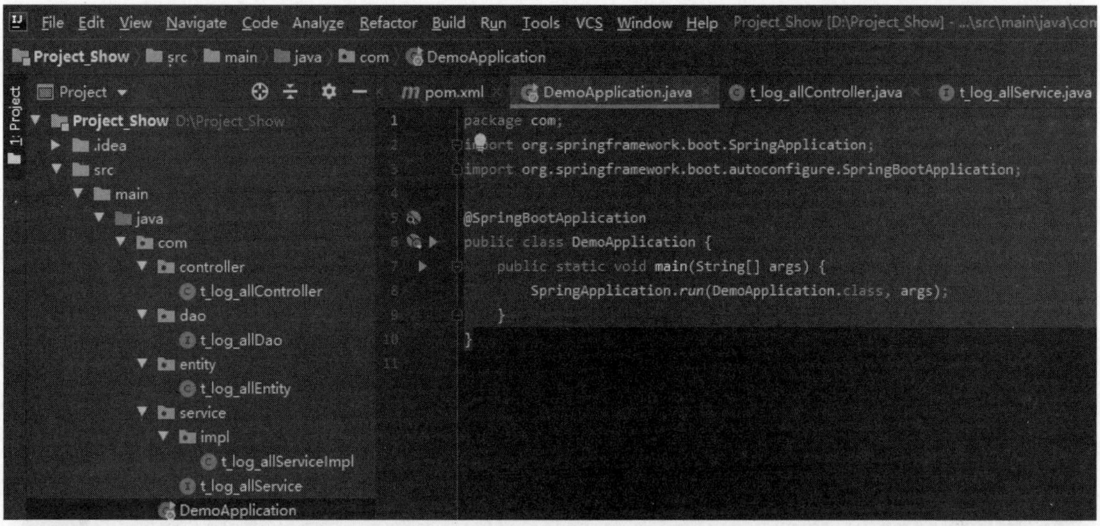

图 8-31 编写程序

步骤 05 新建 1 个 index.html，在...\resources\static\js 目录下增加 echarts.js 和 jquery-3.5.1.min.js 的包，后面的页面需要引用到这 2 个包，如图 8-32 所示。

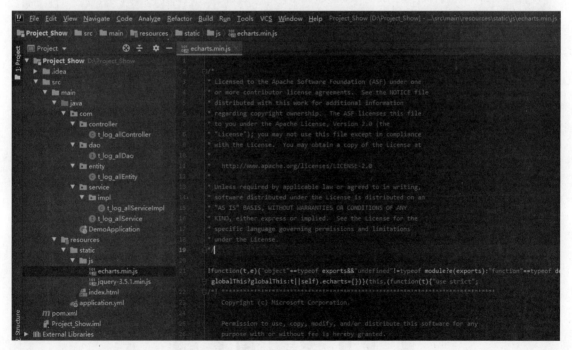

图 8-32 新建 index.html

步骤 06 右击启动代码服务，结果如图 8-33 所示。

步骤 07 打开浏览器，在地址栏输入地址 http://localhost:8088/t_log_all/list，并查看后台服务是否连接成功，如图 8-34 所示。

步骤 08 打开浏览器，在地址栏输入地址 http://localhost:8088/index.html，可以看到可视化界面，如图 8-35 所示。

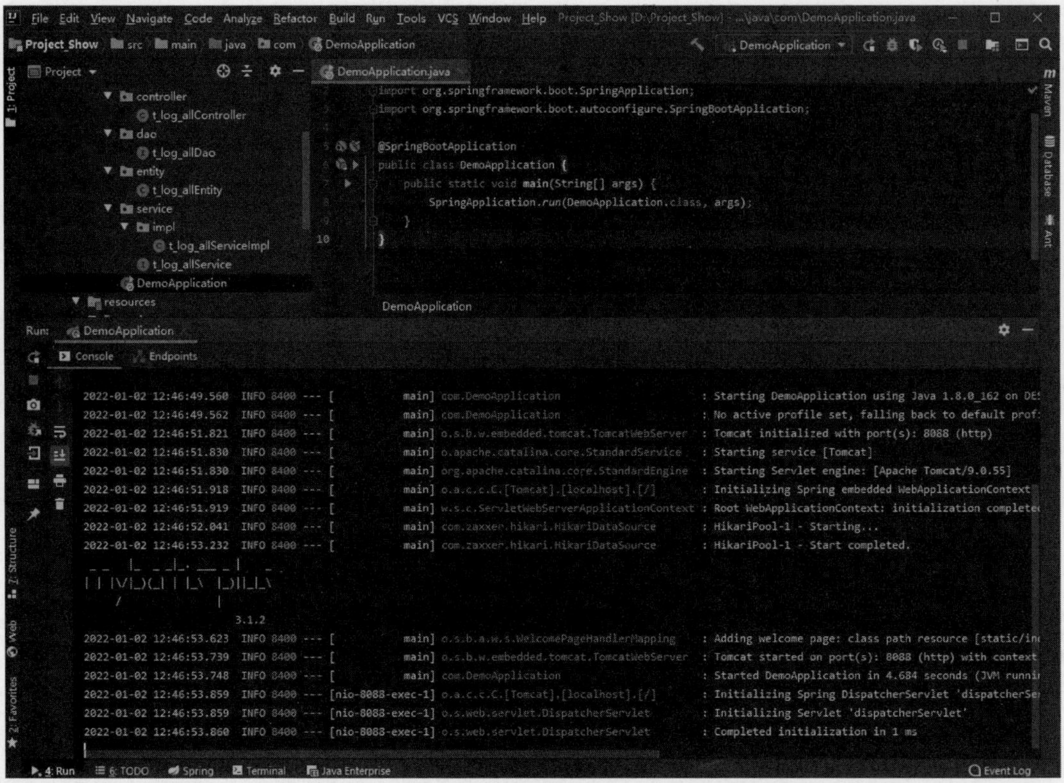

图 8-33 启动应用

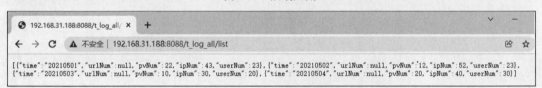

图 8-34 后台接口数据

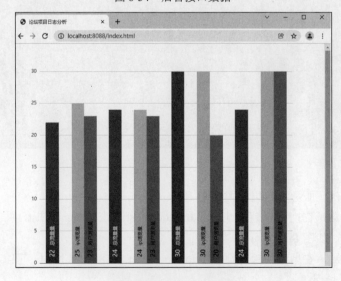

图 8-35 展示前端界面

8.5 项目总结

本章的综合实验案例是本书大数据技术体系学习的重要内容，可以帮助读者形成对大数据技术综合运用方法的全局性认识，使前面各个章节所学的技术有效地融会贯通，并通过多种技术的组合来解决实际应用问题。

本章涵盖了Linux、MySQL、Hadoop、MapReduce、HBase、Hive、Sqoop、Kettle、IDEA、ECharts等系统和软件的安装和使用方法。这些软件的安装和使用方法有效融合到实验的各个流程，用于加深读者对各种技术的理解。